油茶与气候

廖玉芳　郭凌曜　蒋元华　彭嘉栋　等 编著

YOUCHA YU
QIHOU

湖南大学出版社·长沙
HUNAN UNIVERSITY PRESS

内容简介

本书共分六章，外加一个灾害调查报告。本书介绍了我国油茶主产区的气候概况和气候对油茶种植影响的系列文献成果，分析了湖南气候对油茶产量和品质的影响，给出了湖南油茶气象灾害案例，提供了油茶种植气候适宜性区划、油茶高产气候区划、油茶品质气候区划及气象灾害风险区划指标、方法和结果。

本书兼具系统性和实用性，可为油茶发展提供科学依据，也可作为农业、林业科技工作者及其相关院校师生的参考用书。

图书在版编目（CIP）数据

油茶与气候/廖玉芳等编著 . —长沙：湖南大学出版社，2020.12.
ISBN 978 - 7 - 5667 - 2075 - 7

Ⅰ.①油…　Ⅱ.①廖…　Ⅲ.①油茶—栽培技术—关系—气候—研究
Ⅳ.①S794.4　②P46

中国版本图书馆 CIP 数据核字（2020）第 240970 号

油茶与气候
YOUCHA YU QIHOU

编　　著：廖玉芳　郭凌曜　蒋元华　彭嘉栋 等
策划编辑：卢　宇
责任编辑：廖　鹏
印　　装：长沙超峰印刷有限公司
开　　本：787 mm × 1092 mm　16 开　　印张：9.25　字数：225 千
版　　次：2020 年 12 月第 1 版　　印次：2020 年 12 月第 1 次印刷
审 图 号：GS(2019)1786 号　湘 S(2017)170
书　　号：ISBN 978 - 7 - 5667 - 2075 - 7
定　　价：68.00 元

出 版 人：李文邦
出版发行：湖南大学出版社
社　　址：湖南·长沙·岳麓山　　邮　编：410082
电　　话：0731 - 88822559(营销部),88821315(编辑室),88821006(出版部)
传　　真：0731 - 88822264(总编室)
网　　址：http://www.hnupress.com
电子邮箱：lplmyxty@163.com

前　言

　　油茶种植集经济、生态、社会效益于一身，发展油茶产业，对保障国家粮油安全、提高食用植物油自给水平、改善食物消费结构、促进山区农民增收、实施乡村振兴战略等方面具有重要意义。

　　同所有露天生产的农作物一样，气候是影响油茶产量、品质的重要因素。充分利用气候资源，趋利避害发展油茶产业至关重要。本书系统分析了全国油茶主产区的气候概况，收集整理了油茶与气候的相关研究成果，重点开展了湖南气候对油茶产量、品质的影响研究，从气候资源角度给出了湖南油茶产量、品质、气象灾害风险区划结果。

　　本书共分六章。第一章简单介绍了编写本书的资料来源及分析方法；第二章介绍了我国油茶的种植概况；第三章分析了我国油茶主产区的气候特性；第四章摘录了油茶品质与气候的相关研究文献，分析给出了湖南油茶品质与气候的关联性；第五章摘录了油茶气象灾害的相关研究文献，给出了湖南主要油茶气象灾害的影响案例；第六章给出了全国油茶种植气候适宜性区划结果，湖南省油茶高产气候区划结果、气象灾害风险区划结果、油茶鲜果含油率气候区划及茶油油酸气候区划。附录为2013年湖南持续高温干旱对油茶影响的调查报告。

　　《油茶与气候》撰写人员由湖南省气象科学研究所、湖南省气候中心科研人员组成。第一章由廖玉芳同志编写。第二、三章由郭凌曜同志编写。第四章第一、二、三节的第一部分由彭嘉栋同志编写，第一、二、三节的第二部分由廖玉芳同志编写，第四节由蒋元华同志编写。第五章第一节、第二节第一部分及第三节由蒋元华同志编写，第二节第二部分由廖玉芳同志编写。第六章第一节第一部分由郭凌曜同志编写，第二部分由廖玉芳、谢佰承同志编写，第三部分由谢佰承、廖玉芳同志编写；第二节由廖玉芳、杜东升同志编写；第三节由杜东升、廖玉芳同志编写；第四节由廖玉芳、杜东升、蒋元华等同志编写。全书由廖玉芳同志统稿，蒋元华、郭凌曜同志负责校核。

　　在本书的编著过程中，湖南省林业科学院（国家油茶工程技术研究中心）在油茶测产、灾害调查素材的提供等方面给予了大力支持，湖南省林业科学院、湖南省气候中心的部分技术人员参与了油茶气象灾害调查，黄超同志参与了数据分析工作，毛留喜正研级高工、陈永忠博士等诸多专家对本书给予了指导，陈隆升同志为本书的编写提供了大量帮助，在此一并致谢。

　　由于编者水平有限，油茶生产数据获取有限，书中不可避免地存在错误或不足，敬请读者和专家予以批评指正，我们不胜感谢。

编　者

2020 年 12 月

目　　次

1 资料及方法 ……………………………………………………………………… (1)

  1.1 资料 ………………………………………………………………………… (1)

    1.1.1 气象资料 …………………………………………………………… (1)

    1.1.2 油茶生产资料 ……………………………………………………… (1)

  1.2 气候指标 …………………………………………………………………… (2)

    1.2.1 气候指标类型及名称 ……………………………………………… (2)

    1.2.2 气候指标统计方法 ………………………………………………… (3)

  1.3 油茶产量及品质指标 ……………………………………………………… (3)

    1.3.1 油茶果实品质指标分析 …………………………………………… (3)

    1.3.2 油茶产量与品质代表性指标 ……………………………………… (4)

  1.4 方法 ………………………………………………………………………… (5)

    1.4.1 油茶产量及油茶品质形成期的约定 ……………………………… (5)

    1.4.2 关联性分析 ………………………………………………………… (5)

    1.4.3 概率统计分析 ……………………………………………………… (5)

    1.4.4 变化趋势分析 ……………………………………………………… (6)

    1.4.5 区划 ………………………………………………………………… (7)

  参考文献 …………………………………………………………………………… (7)

2 我国油茶种植概况 …………………………………………………………… (9)

  2.1 油茶发展意义 ……………………………………………………………… (9)

  2.2 我国油茶发展历程 ………………………………………………………… (9)

  2.3 油茶主产区分布 …………………………………………………………… (10)

  2.4 2009—2020 年全国油茶产业发展规划建设范围与建设布局 ………… (17)

    2.4.1 建设范围 …………………………………………………………… (17)

    2.4.2 建设布局 …………………………………………………………… (17)

  参考文献 …………………………………………………………………………… (18)

3 我国油茶主产区气候 ………………………………………………………… (19)

  3.1 气温 ………………………………………………………………………… (19)

    3.1.1 平均气温 …………………………………………………………… (19)

    3.1.2 极端气温 …………………………………………………………… (27)

    3.1.3 气温日较差 ………………………………………………………… (30)

  3.2 积温 ………………………………………………………………………… (32)

  3.3 地表温度 …………………………………………………………………… (35)

  3.4 降水 ………………………………………………………………………… (37)

3.4.1 年降水量 ……………………………………………………… (37)

3.4.2 降水日数 ……………………………………………………… (38)

3.5 日照 ………………………………………………………………… (43)

3.5.1 年日照时数 …………………………………………………… (43)

3.5.2 日照日数 ……………………………………………………… (45)

3.6 湿度 ………………………………………………………………… (47)

3.6.1 年平均相对湿度 ……………………………………………… (47)

3.6.2 年最小相对湿度 ……………………………………………… (49)

3.7 年蒸发量 …………………………………………………………… (49)

3.8 年平均风速 ………………………………………………………… (51)

3.9 极端天气 …………………………………………………………… (53)

3.9.1 日降水≥50 mm 日数 ………………………………………… (53)

3.9.2 低温日数 ……………………………………………………… (54)

3.9.3 高温日数 ……………………………………………………… (55)

3.9.4 积雪日数 ……………………………………………………… (57)

4 油茶果实品质与气候 ………………………………………………… (59)

4.1 油茶产量与气候 …………………………………………………… (59)

4.1.1 文献摘录 ……………………………………………………… (59)

4.1.2 湖南油茶产量与气候 ………………………………………… (64)

4.2 油茶籽含油率与气候 ……………………………………………… (68)

4.2.1 文献摘录 ……………………………………………………… (68)

4.2.2 湖南油茶鲜果含油率与气候 ………………………………… (70)

4.3 油茶籽脂肪酸与气候 ……………………………………………… (75)

4.3.1 文献摘录 ……………………………………………………… (75)

4.3.2 湖南油茶籽脂肪酸与气候 …………………………………… (75)

4.4 油茶适宜采摘的时间与气候 ……………………………………… (79)

4.4.1 文献摘录 ……………………………………………………… (79)

4.4.2 湖南油茶适宜采摘时间与积温 ……………………………… (80)

参考文献 ………………………………………………………………… (83)

5 油茶主要气象灾害 …………………………………………………… (85)

5.1 低温连阴雨 ………………………………………………………… (85)

5.1.1 文献摘录 ……………………………………………………… (85)

5.1.2 湖南低温连阴雨影响案例 …………………………………… (88)

5.2 高温干旱 …………………………………………………………… (89)

5.2.1 文献摘录 ……………………………………………………… (89)

5.2.2 湖南高温干旱影响案例 ……………………………………… (91)

5.3 极端低温雨雪冰冻 ………………………………………………… (94)

5.3.1 文献摘录 ……………………………………………………… (94)

5.3.2 湖南极端低温雨雪冰冻影响案例 …………………………… (94)

　　　参考文献 ·· (96)
6　油茶种植气候适宜性区划 ·· (98)
　　6.1　油茶种植气候适宜性指标与区划 ···································· (98)
　　　　6.1.1　油茶种植气候适宜性区划指标研究文献摘录 ··········· (98)
　　　　6.1.2　油茶种植气候适宜性区划指标与区划模型 ··············· (99)
　　　　6.1.3　全国油茶气候适宜性分布 ··································· (101)
　　6.2　湖南油茶高产气候区划 ·· (102)
　　　　6.2.1　区划指标 ··· (102)
　　　　6.2.2　区划方法 ··· (111)
　　　　6.2.3　油茶高产气候区划结果 ······································ (111)
　　6.3　湖南油茶气象灾害风险区划 ·· (113)
　　　　6.3.1　区划指标及模型 ·· (113)
　　　　6.3.2　油茶气象灾害风险区划结果 ······························ (114)
　　6.4　湖南油茶果实品质气候区划 ·· (115)
　　　　6.4.1　油茶鲜果含油率气候区划 ·································· (115)
　　　　6.4.2　茶油油酸含量气候区划 ····································· (117)
　　　参考文献 ·· (119)
附　2013 年湖南持续高温干旱对油茶影响的调查报告 ··············· (121)

1 资料及方法

1.1 资料

1.1.1 气象资料

（1）1981—2010 年全国各县（市、区）日平均气温、日最高气温、日最低气温、日降水量、日平均相对湿度、日最小相对湿度、日日照时数、日平均蒸发量、日平均风速、天气现象等资料源于全国地面气象观测站观测数据，从国家气象信息网获取。

（2）1961—2018 年湖南省 97 个县（市、区）日平均气温、日最高气温、日最低气温、日降水量、日平均相对湿度、日最小相对湿度、日日照时数、日平均蒸发量、日平均风速、日平均地表温度、土壤温度（5 cm、10 cm、15 cm、20 cm）、天气现象等资料源于湖南省地面气象观测站观测数据，从湖南省气象信息中心获取。

1.1.2 油茶生产资料

（1）2009—2017 年鲜果产量数据（共计 124 个样本数据）来源于湖南省 31 个县（市、区）油茶产量测产点[1]。

（2）2009—2017 年采集的 124 个油茶鲜果含油率的样本数据来源于湖南境内的 40 个湘林系列油茶品种样地，各样地地名见表 1-1，含油率均由湖南省林业科学院采用索氏提取法测定。

表 1-1 湖南省 40 个油茶样地地名

编号	地点	编号	地点
1	茶陵县二铺村	21	宁远县冷水镇
2	常宁市畔冲村	22	宁远县太平镇
3	常宁市白马村	23	祁阳县文明铺镇同德堂村
4	道县祥林铺洞民村	24	邵东县黄草坪林场
5	东安县井头圩镇群山村	25	邵阳县白苍镇迎丰村
6	衡东县山田村	26	邵阳县民主村
7	衡东县度湖镇西冲村	27	邵阳县七里山
8	衡东县鹤翔村	28	绥宁县长铺乡新水村
9	衡东县衡东镇	29	溆浦县思蒙乡
10	中方县花桥镇火马塘	30	宜章县宜章镇浆水基地
11	蓝山县田心镇板屋村	31	宜章县宜章镇煤田基地
12	耒阳市南京镇江里村	32	益阳市赫山区

续表

编号	地点	编号	地点
13	耒阳市马水镇滩头村	33	永顺县青坪镇青坪居委会
14	醴陵市板杉镇样地1	34	永兴县太和乡戏台村
15	醴陵市板杉镇样地2	35	永州市研究所样地
16	浏阳市淳口镇鸭头村	36	岳阳市平江县童市镇
17	浏阳市沙市团农基地	37	岳阳市岳阳县12组
18	浏阳市沙市镇罗福村	38	岳阳市岳阳县14组
19	汨罗市三江镇落马村	39	长沙市林场4区北气象中心
20	宁远县柏家坪岗子头村	40	资兴县高码镇文昌阁村

（3）2012—2017年油酸含量资料（共计36个样本数据）主要来源于湖南省林业科学院。

1.2 气候指标

1.2.1 气候指标类型及名称

根据年及油茶各物候期时段将气候指标类型及名称列举如下，见表1-2。

表1-2 不同时段气候指标类型及名称

类型	名称
平均气温	平均气温，平均最高气温，平均最低气温
极端气温	极端最高气温，极端最低气温
积温	≥0 ℃积温，≥5 ℃积温，≥10 ℃积温，≥15 ℃积温，≥20 ℃积温
地温	0 cm地中温度，5 cm地中温度，10 cm地中温度，15 cm地中温度，20 cm地中温度
降水	降水量，降水日数，≥1 mm降水日数，≥10 mm降水日数，≥25 mm降水日数，≥50 mm降水日数，最长连续降水日数，最长连续无降水日数
光照	日照时数，有日照日数，无日照日数，最长连续有日照日数，最长连续无日照日数
湿度	平均相对湿度，最小相对湿度
蒸发	蒸发量
风	平均风速，日平均风速≤3.3 m/s日数，日平均风速>3.3 m/s日数
高温日数	日最高气温≥35 ℃日数，日最高气温≥37 ℃日数，日最高气温≥39 ℃日数，日最高气温≥40 ℃日数
低温日数	日最低气温≤0 ℃日数，日最低气温≤-4 ℃日数，日最低气温≤-7 ℃日数，日最低气温≤-9 ℃日数，日最低气温≤-11 ℃日数
降雪日数	有降雪的日数
冰冻日数	有冰冻的日数
霜日	有霜日数

1.2.2　气候指标统计方法

（1）平均值法：某时间段内的日气象要素资料之和除以参与统计的日数，如月平均气温、年平均气温、年平均风速等。若该时间段内有日资料缺测，则该时间段平均值记为缺测。

（2）累积值法：某时间段内的日气象要素资料之和，如年降水量、年蒸发量等。若该时间段内有日资料缺测，则该时间段累积值记为缺测。

（3）活动积温法：某一时期内大于或等于某一界限温度的日平均温度的总和，即 $Y = \sum_{i=1}^{n}(T_i \geqslant B)$，式中，$T_i$ 为时段中第 i 天的日平均气温，B 为温度阈值，n 为计算时段的日数。本书统计有油茶各物候期的积温和年积温。若某时间段中有日平均气温资料缺测，则该时间段积温值记为缺测。

（4）极端值法：某时间段内的日气象要素的最大值或最小值，如年极端最高气温、年最小相对湿度等。若该时间段内有日资料缺测，则该时间段极值记为缺测。

（5）气温日较差统计方法：某时间段内各日最高气温与最低气温差的平均值。若该时间段内有日最高气温或日最低气温资料缺测，则该时间段值记为缺测。

（6）各等级降水日数统计方法：某时间段内的降水日数指该时间段内日降水量 ≥0.1 mm 的日数之和；1 mm 以上降水日数表示指定时间段内日降水量 ≥1 mm 的日数之和；中雨以上降水日数表示指定时间段内日降水量 ≥10 mm 的日数之和；大雨以上降水日数表示指定时间段内日降水量 ≥25 mm 的日数之和；暴雨以上降水日数表示指定时间段内日降水量 ≥50 mm 的日数之和。若指定时间段内有日降水资料缺测，则该时间段的值记为缺测。

（7）高温日数统计方法：某时段高温日数（≥35 ℃、≥37 ℃、≥39 ℃、≥40 ℃的高温日数）分别指该统计时段内日最高气温分别为 ≥35 ℃、≥37 ℃、≥39 ℃、≥40 ℃的日数之和。若指定时间段内有日最高气温资料缺测，则该时间段的值记为缺测。

（8）低温日数统计方法：某时段低温日数（≤0 ℃、≤−4 ℃、≤−7 ℃、≤−9 ℃、≤−11 ℃的低温日数）分别指该统计时段内日最低气温分别为 ≤0 ℃、≤−4 ℃、≤−7 ℃、≤−9 ℃、≤−11 ℃的日数之和。若指定时间段内有日最低气温资料缺测，则该时间段的值记为缺测。

（9）天气现象日数统计方法：冰冻日数指统计时段内出现冰冻的日数之和；降雪日数指统计时段内出现降雪的日数之和；有霜日数指统计时段内出现霜的日数之和。若指定时间段内出现缺测现象，则该时间段的值记为缺测。

1.3　油茶产量及品质指标

1.3.1　油茶果实品质指标分析

（1）油茶品质受到四大要素的影响，其一是油茶的品种、产地、气候及栽培技术管理措施，其二是原料预处理程度，其三是加工工艺，其四是包装和储藏。本书所分析的是气候因素对油茶品质的影响，只应选择油茶初级产品，而经过加工提炼后的油茶品质不在此列。

（2）油茶果实品质评价的常用指标（初级产品）有果形、果色、单果重、果径、果高、果皮厚、鲜籽个数/500 g、鲜果出干籽率、干籽含油率、鲜果含油率等。

（3）左继林等人[2]采用主成分分析方法对 25 个赣油茶无性系的品质进行了比较与优劣排序得出，在评价油茶品质的 11 个性状指标中，第一主成分主要由鲜果含油率、出干籽率、亚油酸含量、产油量和油酸含量起决定作用，即鲜果含油率排位第一；第二主成分主要由油酸含量、种仁含油率、产油量及棕榈酸含量决定。

（4）《油茶籽油》（GB/T 11765—2018）[3]给出的油茶籽油基本组成和主要物理参数、《湖南茶油》（T/HNYC 001—2018）[4]给出的茶油特征指标，中心内容是脂肪酸的组成，而油茶籽油以油酸含量高（表 1-3）为主要特征。

表 1-3　油茶与其他主要食用油料的脂肪酸组成情况　　　　　　　　单位：%

脂肪酸		油茶籽油	橄榄油	棕榈油	大豆油	菜籽油	棉籽油	花生油
饱和脂肪酸		9.6	13.7	48.2	14.8	6.9	22.3	16.8
不饱和脂肪酸	总含量	90.4	86.3	51.8	85.2	93.1	77.7	83.2
	油酸（C18：1）	74～87	55～83	36～44	17.7～28	8～60	14.7～21.7	35～67
	亚油酸（C18：2）	7～14	3.5～21	9～12	49.8～59	11～23	46.7～58.2	13～43
	亚麻酸（C18：3）	1.2	1.1		8.4	8.1		
	芥酸（C22：1）					23.6		
	其他不饱和脂肪酸		0.7		0.3	6.8	0.8	2.1
检测标准		《油茶籽油》（GB/T 11765—2018）	《橄榄油、橄榄果渣油》（GB/T 23347—2009）	《棕榈油》（GB/T 15680—2009）	《大豆油》（GB/T 1535—2017）	《菜籽油》（GB/T 1536—2004）	《棉籽油》（GB/T 1537—2019）	《花生油》（GB/T 1534—2017）

数据来源：相关油料的国家标准；张晓波《食用植物油的脂肪酸组成调查》、穆同娜等《三种植物油中不饱和脂肪酸含量调查》、关紫峰等《食用动物油与植物油中脂肪酸组成的研究》。

（5）基于本书收集到的脂肪酸检测成分较全的 26 个样本资料，计算油酸与脂肪酸其他成分间的相关系数，均通过了显著性检验（$a=0.05$）（表 1-4），说明油酸与其他成分的相关性高，油酸作为脂肪酸组成的评价指标具有代表性。

表 1-4　油酸与脂肪酸其他成分间的相关系数

脂肪酸成分	硬脂酸	豆蔻酸	棕榈酸	棕榈一烯酸	亚油酸	亚麻酸
相关系数	−0.420	−0.454	−0.953	−0.756	−0.863	−0.712

1.3.2　油茶产量与品质代表性指标

基于 1.3.1 节的分析，选择下列指标用于本书的油茶评价指标。

（1）油茶鲜果产量（kg/亩），1 hm² = 15 亩（本书采用亩作计量单位）。

（2）鲜果含油率（%）=鲜果出干籽率×干籽含油率×100%。

（3）油酸含量（%）。

1.4　方法

1.4.1　油茶产量及油茶品质形成期的约定

（1）油茶产量形成期的约定。

分析大量文献资料发现，油茶产量形成期时间长，始于上一年的春梢萌动，止于果实成熟采摘，故约定该时间段为每年油茶产量的形成期。分析气候条件对油茶产量的影响，则主要围绕该时间段各物候期气象条件进行，物候期时段的划定见文献[1]。

（2）油茶品质形成期的约定。

王湘南[5]针对4个来自不同省份种源的有代表性的品种开展油茶物候期及开花生物学特性研究得出：湘林190子代果实生长期有2个小高峰，分别在3月下旬—5月上旬和6月上旬—7月下旬，果径生长至7月下旬就基本停止；岑软3和湘林27果径生长高峰期在4月下旬—6月中旬和7月下旬—9月中旬，果径生长至9月中旬止；赣68果径生长的高峰期分别在4月下旬—6月中旬和7月上旬—8月下旬。陈永忠等[6]研究得出：当果实体积的增长逐渐停止后，果实内部油脂转化开始加速，油脂转化出现2个高峰，8月中下旬—9月上旬和9月下旬—10月下旬。8月上旬—8月中旬，种子含油率很低；8月中下旬—9月上旬，油脂含量开始明显增加，产生一个小高峰，鲜果含油率在该阶段中增幅占鲜果总含油量的27.2%；9月中下旬，果实内种子外壳木质化程度加深，种仁变得更加充实和坚硬，10月下旬前后，果实成熟，那时果实物质积累达到高峰，也是油脂转化的第二次高峰期，鲜果含油率在该阶段中增幅占鲜果总含油量的68.9%。罗凡等[7]关于不同采摘时间对茶籽油理化性质及营养成分的影响研究结果表明：茶油脂肪酸中的不饱和脂肪酸含量随着油茶籽的成熟日渐增多，抗氧化物质如维生素E、β-谷甾醇等也随着油茶籽的成熟而增加，增加规律基本相同，即10月9日—10月24日的变化幅度较大，10月24日之后分析参数也有缓慢变化，到10月29日基本达到峰值。自然落果后的油茶籽油的过氧化值以及酸值最高。马力等[8]开展油茶果采后处理对油茶籽内在品质的影响研究，得出油茶鲜果采收后有一个生理后熟过程，油茶内含物会发生一系列变化，尤其是油脂含量会进一步积累，因此，合适的油茶采后处理方式对提高油茶的含油率、改善油茶籽的品质具有重要意义，如果贮藏不当，油茶籽会出现发热、生霉及油脂酸败等现象。

综合相关研究文献，本书将油茶生长期果实品质形成时间段确定为果实第一次膨大期（湖南油茶始于2月下旬）至果实成熟期（10月），各物候期时间段的划定同文献[1]。采后处理期也属油茶品质影响期，湖南油茶籽多在10月采摘，因而确定的采后处理期为11—12月。

1.4.2　关联性分析

（1）皮尔逊相关系数[9]。

（2）主成分分析方法[10]。

（3）逐步回归分析方法[11]、分类与回归树和卡方自动交互检验[12—16]。

1.4.3　概率统计分析

（1）离散系数

离散系数又称变异系数，是统计学当中的常用统计指标，主要用于比较不同水平的变量数列的离散程度及平均数的代表性。离散系数较大的其分布情况差异也大。

当进行两个或多个资料变异程度的比较时，如果度量单位与平均数相同，可以直接利用标准差来比较；如果度量单位和（或）平均数不同，则不能采用标准差，而需采用标准差与平均数的比值（相对值），本书采用该方法。

（2）偏度系数

偏度系数表征分布形态与平均值偏离的程度，作为分布不对称的测度。标准偏度系数的意义是由偏度系数的取值符号决定。当符号为正时，表明分布图形的顶峰偏左，称为正偏度；当符号为负时，表明分布图形的顶峰偏右，称为负偏度；当取值为 0 时，表明分布图形对称。

偏度系数公式为：

$$g_1 = \sqrt{\frac{1}{6n} \sum_{i=1}^{n} \left(\frac{x_i - \bar{x}}{s} \right)^3} \tag{1.1}$$

（3）峰度系数

峰度系数表征分布形态图形顶峰的凹平度。标准峰度系数的意义是由峰度系数的取值符号决定。当符号为正时，表明分布图形坡度偏陡；当符号为负时，表明分布图形坡度平缓；当取值为 0 时，表明分布图形坡度正好。

峰度系数公式为：

$$g_2 = \sqrt{\frac{n}{24}} \left[\frac{1}{n} \sum_{i=1}^{n} \left(\frac{x_i - \bar{x}}{s} \right)^4 - 3 \right] \tag{1.2}$$

（4）核密度估计

核密度估计是在概率论中用来估计未知的密度函数，属于非参数检验方法之一。应用核密度估计不需要引入对数据分布的先验假设，只从样本本身出发获取数据分布特征，可以用来估计任意形状密度估计的方法。同时，相比于直方图等其他密度估计方法，通过核密度估计得到的概率密度连续性更好，并且不会依赖于选取的区间长度。

对于给定数据 $x_1, x_2, \cdots, x_n$，核密度估计的公式为：

$$\hat{p}_n(x_i) = \frac{1}{nh_n} \sum_{j=1}^{n} K \left(\frac{x_i - x_j}{h_n} \right) \tag{1.3}$$

式中，$K(\cdot)$ 为核函数，常用的核函数有高斯核函数、均匀核函数和三角核函数等。以高斯核函数作密度估计时，取 $K(u) = \frac{1}{\sqrt{2\pi}} e^{\frac{u^2}{2}}$，则此时的核密度估计公式为：

$$\hat{p}_n(x_i) = \frac{1}{\sqrt{2\pi} nh_n} \sum_{j=1}^{n} e^{\frac{(x - x_j)^2}{2h_n^2}} \tag{1.4}$$

1.4.4 变化趋势分析

用气候倾向率来表征气象要素在时间上的变异特征。各气象要素 X 随时间序列 t 的变化趋势可以用一元线性回归方程来定量描述：

$$X_i = b + a \times t, \quad a = \frac{\mathrm{d}x}{\mathrm{d}t} \tag{1.5}$$

式中，t 表示年份序列号，b 为常数，a 为回归系数。当 a 为正（负）时，表示样本在计算的时段内线性增加（减弱），$a \times 10$ 为气候倾向率，表示气象要素每 10 年的变化率，

回归系数 a 可用最小二乘法或经验正交多项式计算。

1.4.5 区划

MaxEnt[17—18] 是以最大熵理论为基础的物种分布预测模型,广泛应用于物种现实生境模拟、生态环境因子筛选以及环境因子对物种生境影响的定量描述。最大熵理论认为在已知条件下,熵最大的事物最接近它的真实状态,因而预测的风险也越小。本书所用的是 MaxEnt 模型 3.3.3k 版。主要原理如下:

最大熵模型是基于有限已知信息对未知分布进行无偏推断的一种数学方法。该理论认为在无外力作用下,事物总是在约束条件下争取最大的自由权。在已知条件下,熵最大的事物最可能接近它的真实状态。最大熵统计建模就是从符合条件的分布中选择熵最大的分布作为最优分布。最大熵模型对物种存在概率的估计可以通过贝叶斯决策理论观点进行解释[17]。模型的目的是寻找最优的对数可能性和确定概率分布 π 的真实分布。

概率分布的确定:从研究区设定的 X 个站点中随机选取一个站点 x,若该物种在站点 x 处存在,则记为 1,否则记为 0。将响应变量(存在或不存在)设为 y,那么 $\pi(x)$ 就是受限制条件约束的概率 $P(x \mid y = 1)$。例如,假定物种在 x 点存在,则其在 x 点的概率为 1。

根据 Bayes 规则:

$$P(y = 1 \mid x) = \frac{P(x \mid y = 1)P(y = 1)}{P(x)} = \pi(x)P(y = 1) \mid X \mid \qquad (1.6)$$

为此,对所有的 $x, P(x) = 1/\mid x \mid$。$P(y = 1 \mid x)$ 即物种在 x 点存在的概率,其值为 0 或 1,通常对分散的有机体来说,其值在 0 到 1 之间。$P(y = 1)$ 为该物种在研究区域总的比例。在本研究中只计算概率分布 π,而不直接计算 $P(y = 1 \mid x)$。且 x 在这里是站点,不是环境条件的向量。

熵最大的概率分布满足 Gibbs 分布。Gibbs 分布是根据特征向量权重参数化的指数分布,其形式为:

$$q_\lambda(x) = \frac{\exp\left(\sum_{j=1}^{n} \lambda_j f_i(x)\right)}{Z_\lambda} \qquad (1.7)$$

Z_λ 是一个归一化常数,确保研究区概率 $q_\lambda(x)$ 之和为 1。因此,在站点 x 的最大熵模型 q_λ 值取决于站点 x 的特征值,所以仅取决于站点 x 的环境变量。通过多个样本训练之后,最大熵模型可以预测具有同样环境变量的其他站点物种的存在概率。

参考文献

[1] 廖玉芳,彭嘉栋,陈隆升,等. 湖南油茶产量气象条件分析 [M]. 长沙:湖南大学出版社,2019.

[2] 左继林,龚春,汪建平,等. 赣油茶 25 个优良无性系品质评价 [J]. 浙江林学院学报,2008,25(5):624-629.

[3] 全国粮油标准化技术委员会. GB/T 11765—2018 油茶籽油 [S]. 北京:中国标准出版社,2018.

［4］湖南省油茶产业协会. T/HNYC 001—2018　湖南茶油［S］. 2018.

［5］王湘南. 油茶物候期及开花生物学特性研究［D］. 长沙：中南林业科技大学，2011.

［6］陈永忠，肖志红，彭邵锋，等. 油茶果实生长特性和油脂含量变化的研究［J］. 林业科学研究，2006，19（1）：9－14.

［7］罗凡，费学谦，方学智，等. 油茶籽采摘时间对油茶品质的影响研究［J］. 江西农业大学学报，2012，34（1）：87－92.

［8］马力，钟海雁，陈永忠，等. 油茶果采后处理对油茶籽内在品质的影响研究［J］. 中国粮油学报，2014，29（12）：73－76.

［9］魏凤英. 现代气候统计诊断与预测技术［M］. 北京：气象出版社，2007.

［10］马开玉，丁裕国，屠其璞，等. 气候统计原理与方法［M］. 北京：气象出版社，1993.

［11］DELISLE R K，DIXON S L. Induction of decision trees via evolutionary programming［J］. Journal of Chemical Information and Computer Sciences，2004，44（3）：862－870.

［12］栾丽华，吉根林. 决策树分类技术研究［J］. 计算机工程，2004，30（9）：94－96，105.

［13］陈辉林，夏道勋. 基于CART决策树数据挖掘算法的应用研究［J］. 煤炭技术，2011，30（10）：164－166.

［14］张亮，宁芊. CART决策树的两种改进及应用［J］. 计算机工程与设计，2015，36（5）：1209－1213.

［15］KASS G V. An Exploratory Technique for Investigating Large Quantities of Categorical Data［J］. Journal of the Royal Statistical Society，1980，29（2）：119－127.

［16］ANTIPOV E，POKRYSHEVSKAYA E. Applying CHAID for logistic regression diagnostics and classification accuracy improvement［J］. Journal of Targeting Measurement & Analysis for Marketing，2010，18（2）：109－117.

［17］PHILLIPS S J，DUDIK M. Modeling of species distributions with MaxEnt：New extensions and a comprehensive evaluation［J］. Ecography，2008，31（2）：161－175.

［18］PHILLIPS S J，ANDERSON R P，SCHAPIRE R E. Maximum entropy modeling of species geographic distributions［J］. Ecological Modelling，2006，190：231－259.

2 我国油茶种植概况

2.1 油茶发展意义

油茶属山茶科山茶属植物，是我国特有的高档木本食用油料植物，分布在北纬 $18°28'$ ~ $34°34'$、东经 $100°0'$ ~ $122°0'$，主要产区在中国，覆盖 14 个省（市、区）。

经济价值高。油茶的主产品是茶油，不饱和脂肪酸（人体所需）含量高达 90% 以上，远远高于菜油、花生油和豆油，被誉为"东方橄榄油"，已被国际粮农组织大力推荐为健康食用油；茶油进而可通过深加工制成护肤产品和洗浴产品。压榨茶油产生的副产品茶饼，既是农药又是肥料，可提高农田蓄水能力和防治稻田害虫；茶壳（果皮）既可加工成有机肥，又可加工成活性炭。

社会效益好。我国耕地资源刚性短缺，油茶树主要种植在丘陵山地，不与粮食争地，其产品茶油有助于持续稳定增加国内食用植物油的供给，极大地减缓了我国食用油消费缺口大的压力（2018 年我国食用油消费缺口达到 1081 万 t）；山区是我国贫困人口的主要分布地（占我国贫困人口的 60%），发展油茶经济效益好，有助于破解山区群众脱贫难题，并助力乡村振兴。

生态效益显著。油茶根系发达，枝繁叶茂，四季常青，寿命长达 100 年以上，有美化环境、净化空气、调节气候、保持水土、涵养水源等多种生态作用。油茶多生长在环境未受污染的边远地区，具有有机、绿色的独特优势。

2.2 我国油茶发展历程

我国油茶发展历程[1]可以分为四个阶段。

油茶生产起步发展阶段（20 世纪 50 年代）。新中国成立前，我国油茶生产处于半荒芜状态。新中国成立后，油茶生产迅速发展。1952 年，全国茶油产量为 5 万 t；1956 年，茶油产量达到 8 万 t；1958 年，全国的油茶产量达到第一个高峰。这一阶段的油茶生产处于原始耕作状态，经营管理主要靠"人种天养"，油茶产量低，茶籽产量 10 kg/亩左右，茶油产量 2.5 kg/亩。

油茶生产恢复发展阶段（20 世纪 60、70 年代）。1958 年以后，油茶生产滑坡，产量下降；20 世纪 60 年代中期，全国掀起大面积营造油茶林基地的群众运动；其后十年，油茶生产处于低迷阶段，到 1976 年，产量退到新中国成立初期水平；1976—1979 年，国家开展新林营造和老林改造，油茶林面积迅速增加，产量稳步上升，"六五"期间油茶籽的产量比"五五"期间增长了 23.8%，茶油产量达到 11 万 t。这一阶段的油茶种植面积扩大，地块相对集中，抚育管理水平得到较大提高，产量也获得较大幅度的增加。

油茶生产平稳发展阶段（20 世纪 80、90 年代）。进入 20 世纪 80 年代以后，新品种、新技术逐渐推广，油茶产量逐年增加，全国油茶林面积比新中国成立时扩大 50%，一度达到 6000 万亩。之后，油茶生产再次跌入低谷，油茶林面积下降。20 世纪 90 年代初，油茶生产回升，到 20 世纪末，油茶林面积稳中有升，全国茶油年产量稳定在 13 万 t 以上，进入 21 世纪后，产量突破 20 万 t。见图 2 - 1。

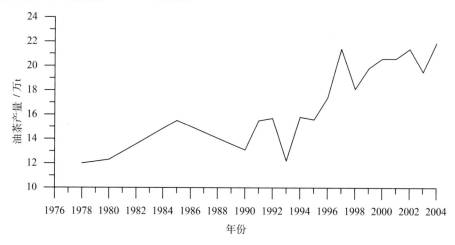

图 2 - 1　我国茶油年产量折线图

油茶生产迅速发展阶段（21 世纪）。党的十八大以来，我国油茶产业发展进入快车道（图 2 - 2），2011 年后油茶产量直线上升，到 2018 年接近 70 万 t；2018 年全国油茶种植面积达到 6724 万亩，比 10 年前增加了 2000 多万亩；2018 年全国油茶产业总产值是 2009 年的 12.6 倍。

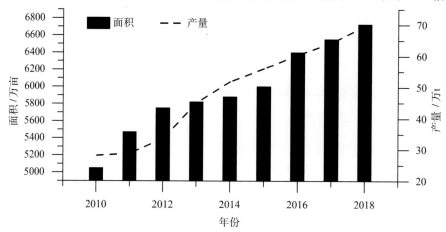

图 2 - 2　2010—2018 年我国油茶种植面积和茶油产量

2.3　油茶主产区分布

我国油茶主产区[1]集中分布在湖南、江西、广西、浙江、福建、广东、湖北、贵州、安徽、云南、重庆、河南、四川和陕西 14 个省（区、市）的 642 个县（市、区）。其中，种植面积大于 10 万亩的县（市、区）有 142 个，种植面积在 5～10 万亩（大于 5 万亩且小于或等于 10 万亩）的县（市、区）有 97 个，种植面积在 1～5 万亩（大于 1 万亩且小于或等于 5 万亩）的县（市、区）有 142 个，种植面积小于或等于 1 万亩的县（市、区）有 261 个。见图 2 - 3、表 2 - 1。

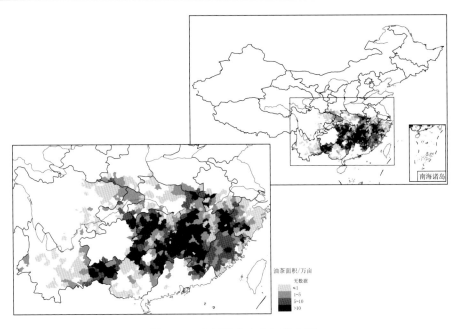

图 2-3 全国油茶主产区分布图

表 2-1 全国油茶主产区分布范围表

序号	单位	合计/个	小于或等于1万亩的县级名称	1～5万亩的县级名称	5～10万亩的县级名称	大于10万亩的县级名称	所辖(市、区)总数/个
		642	261	142	97	142	1537
1	湖南	121	35	19	18	49	122
	长沙市	9	岳麓区、雨花区、天心区、开福区、芙蓉区	望城区	宁乡市、长沙县	浏阳市	
	株洲市	9	荷塘区、天元区、石峰区、芦淞区			醴陵市、株洲县、攸县、茶陵县、炎陵县	
	湘潭市	5	韶山市、岳塘区、雨湖区		湘乡市	湘潭县	
	衡阳市	12	南岳区、珠晖区、蒸湘区、雁峰区、石鼓区		祁东县	耒阳市、常宁市、衡东县、衡阳县、衡南县、衡山县	
	邵阳市	12	洞口县、武冈市、新邵县、双清区、大祥区、北塔区	隆回县、城步县、邵东县、新宁县	绥宁县	邵阳县	
	岳阳市	8	临湘市、华容县、云溪区、岳阳楼区、湘阴县	岳阳县、汨罗市		平江县	

续表

序号	单位	合计/个	油茶分布县（市、区）数量及名称				所辖（市、区）总数/个
			小于或等于1万亩的县级名称	1~5万亩的县级名称	5~10万亩的县级名称	大于10万亩的县级名称	
		642	261	142	97	142	1537
1	常德市	8	澧县、武陵区	津市市	石门县	桃源县、鼎城区、临澧县、汉寿县	122
	益阳市	6	南县、沅江市	资阳区、赫山区		安化县、桃江县	
	郴州市	11		桂东县	临武县、嘉禾县、汝城县、宜章县	资兴市、桂阳县、永兴县、安仁县、苏仙区、北湖区	
	永州市	11		新田县、双牌县		祁阳县、东安县、宁远县、蓝山县、道县、江华县、江永县、零陵区、冷水滩区	
	怀化市	13	新晃县、洪江区		通道县、靖州县、芷江县	会同县、麻阳县、溆浦县、辰溪县、中方县、沅陵县、鹤城区、洪江市	
	张家界市	4		武陵源区	永定区、桑植县	慈利县	
	娄底市	5	冷水江市	涟源市、娄星区、新化县	双峰县		
	湘西土家族苗族自治州	8		龙山县、吉首市	保靖县、凤凰县	永顺县、古丈县、泸溪县、花垣县	
2	江西	100	18	30	7	45	100
	南昌市	7	红谷滩区、南昌县	湾里区、昌北区、安义县		进贤县、新建县	
	九江市	12	九江开发区、共青城、庐山区、湖口县、星子县	瑞昌市、德安县、九江县、永修县、都昌县		修水县、武宁县	
	景德镇市	3		昌江区、乐平市	浮梁县		
	萍乡市	6		萍乡市开发区、安源区		上栗县、莲花县、芦溪县、湘东区	
	新余市	4			仙女湖区、新余市开发区	渝水区、分宜县	
	鹰潭市	3	龙虎山管委会、余江县	贵溪市			
	赣州市	18	章贡区	大余县、定南县、全南县、寻乌县、	信丰县、龙南县、宁都县、石城县	赣县、南康区、上犹县、崇义县、兴国县、会昌县、安远县、于都县、瑞金市	

续表

序号	单位	油茶分布县（市、区）数量及名称					所辖（市、区）总数/个
		合计/个	小于或等于1万亩的县级名称	1~5万亩的县级名称	5~10万亩的县级名称	大于10万亩的县级名称	
		642	261	142	97	142	1537
2	宜春市	10		奉新县、铜鼓县、靖安县		袁州区、高安市、万载县、丰城市、上高县、樟树市、宜丰县	100
	上饶市	13	鄱阳县、余干县、三清山管委会	信州区、万年县		上饶县、广丰区、玉山县、铅山县、横峰县、德兴市、婺源县、弋阳县	
	吉安市	13	吉州区	青原区、吉安县		永丰县、泰和县、万安县、遂川县、永新县、峡江县、安福县、吉水县、井冈山市、新干县	
	抚州市	11	南城县、黎川县、南丰县、金溪县	东乡区、崇仁县、广昌县、资溪县、乐安县、宜黄县		临川区	
3	广西	61	22	11	10	18	109
	柳州市	6	柳江区、柳城县			三江县、融水县、融安县、鹿寨县	
	桂林市	9	资源县、灌阳县、阳朔县	全州县	永福县、荔浦市、恭城县	龙胜县、平乐县	
	贺州市	5			钟山县	昭平县、八步区、富川县、平桂区	
	百色市	11		乐业县、靖西市、德保县	田东县、西林县	右江区、凌云县、田林县、隆林县、那坡县、田阳县	
	崇左市	3	大新县、龙州县、宁明县				
	钦州市	3	钦南区、钦北区、灵山县				
	南宁市	3	横县	上林县、宾阳县			
	梧州市	5	万秀区	藤县、苍梧县、岑溪市	蒙山县		
	防城港市	2	上思县、防城区				
	来宾市	4	兴宾区、武宣县	象州县	金秀县		
	河池市	10	环江县、罗城县、宜州区、金城江区、都安县	天峨县	南丹县、东兰县	巴马县、凤山县	

续表

序号	单位	油茶分布县（市、区）数量及名称						所辖（市、区）总数/个
		合计/个	小于或等于1万亩的县级名称	1~5万亩的县级名称	5~10万亩的县级名称	大于10万亩的县级名称		
		642	261	142	97	142		1537
4	浙江	63	42	10	5	6		90
	杭州市	6	西湖区、富阳区	建德市、桐庐县、临安区	淳安县			
	金华市	7	兰溪市、永康市、义乌市、金东区	婺城区、磐安县	武义县			
	衢州市	6	柯城区	龙游县	衢江区、江山市	常山县、开化县		
	丽水市	9	景宁县、庆元县	缙云县、龙泉市	松阳县	云和县、青田县、遂昌县、莲都区		
	台州市	7	天台县、温岭市、黄岩区、椒江区、三门县、临海市	仙居县				
	舟山市	2	定海区、普陀区					
	宁波市	9	镇海区、慈溪市、余姚市、北仑区、奉化区、宁海县、鄞州区、江北区、象山县					
	绍兴市	5	上虞市、诸暨市、绍兴县、嵊州市、新昌县					
	湖州市	4	吴兴区、德清县、安吉县、长兴县					
	温州市	8	文成县、苍南县、瓯海区、瑞安市、乐清市、永嘉县、平阳县	泰顺县				
5	福建	63	15	15	30	3		85
	南平市	10		政和县、松溪县、武夷山市	建瓯市、建阳区、邵武市、光泽县、延平区、顺昌县	浦城县		
	三明市	12		明溪县、梅列区、三元区、泰宁县、永安市	将乐县、建宁县、清流县、大田县、宁化县、沙县	尤溪县		
	龙岩市	7		武平县、新罗区、永定区	连城县、长汀县、上杭县、漳平市			
	漳州市	8	漳浦县、云霄县、龙海市、诏安县		长泰县、平和县、南靖县、华安县			
	泉州市	7	南安市、惠安县、泉港区	安溪县	永春、德化县、洛江区			
	福州市	8	连江县、罗源县、长乐区、晋安区		福清市、永泰县、闽清县等			
	宁德市	9	福鼎市、霞浦县、蕉城区	周宁县、屏南县	古田县、寿宁县、柘荣县	福安市		
	莆田市	2	涵江区		仙游县			

续表

序号	单位	油茶分布县（市、区）数量及名称					所辖（市、区）总数/个
		合计/个	小于或等于1万亩的县级名称	1~5万亩的县级名称	5~10万亩的县级名称	大于10万亩的县级名称	
		642	261	142	97	142	1537
6	广东	18	4	6	4	4	122
	河源市	5	连平县	紫金县	东源县	龙川县、和平县	
	梅州市	6	蕉岭县		五华县、丰顺县、梅县	平远县、兴宁县	
	韶关市	2	始兴县	南雄市			
	云浮市	1	新兴县				
	肇庆市	1		广宁县			
	清远市	3		阳山县、连南县、连州县			
7	湖北	46	22	13	8	3	101
	武汉市	3	江夏区		黄陂区、新洲区		
	黄石市	2			大冶市	阳新县	
	鄂州市	1	鄂城区				
	黄冈市	9	武穴市	黄梅县、英山县、浠水县、罗田县、蕲春县、团风县	红安县	麻城市	
	咸宁市	6	赤壁市、嘉鱼县	咸安区	崇阳县、通城县	通山县	
	随州市	2		曾都区、广水市			
	宜昌市	5	当阳市、远安县、兴山县、长阳县、五峰县				
	荆门市	4	京山县、钟祥市、东宝区	松滋市			
	襄阳市	3	枣阳市、宜城市	谷城县			
	恩施州	4	恩施市	建始县、宣恩县	咸丰县		
	省直辖	1	神农架林区				
	十堰市	3	丹江口市、郧阳区、茅箭区				
	孝感市	3	孝昌县、安陆市		大悟县		
8	贵州	12	1	4	2	5	88
	黔东南苗族侗族自治州	6	榕江县	岑巩县	锦屏县	天柱县、黎平县、从江县	
	铜仁市	4		铜仁市、万山特区、松桃县		玉屏县	
	黔西南布依族苗族自治州	2			望谟县	册亨县	
9	安徽	35	18	7	5	5	105
	黄山市	6	黄山区	徽州区、黟县	歙县	祁门县、休宁县	
	池州市	4	贵池区、石台县	青阳县	东至县		
	宣城市	7	郎溪县、绩溪县、泾县、旌德县、广德县	宣州区	宁国市		
	安庆市	7	枞阳县、宿松县、岳西县	桐城市、怀宁县	潜山县	太湖县	
	六安市	5	金安区、裕安区		金寨县	舒城县、霍山县	

续表

序号	单位	油茶分布县（市、区）数量及名称					所辖（市、区）总数/个
		合计/个	小于或等于1万亩的县级名称	1~5万亩的县级名称	5~10万亩的县级名称	大于10万亩的县级名称	
		642	261	142	97	142	1537
9	巢湖市	3	居巢区、庐江县	含山县			105
	芜湖市	3	芜湖县、南陵县、繁昌县				
10	云南	47	31	12	3	1	129
	文山壮族苗族自治州	8	文山市、砚山县	西畴县、丘北县	富宁、麻栗坡县、马关县	广南县	
	保山市	1		腾冲市			
	大理白族自治州	5	弥渡县、大理市、漾濞县、永平、南涧县				
	普洱市	2	宁洱县、普洱市				
	曲靖市	7	陆良县、师宗县、马龙县、沾益区	宣威市、富源县、罗平县			
	红河市	10	泸西县、弥勒县、开远市、石屏县、建水县、绿春县	屏边县、红河县、元阳县、金平县			
	昆明市	2	宜良县、石林县				
	玉溪市	6	元江县、通海县、峨山县、江川县、澄江县、新平县				
	楚雄彝族自治州	4	禄丰县、大姚县、姚安县、双柏县				
	德宏傣族景颇族自治州	1		陇川县			
	昭通市	1		大关县			
11	重庆	15	4	6	3	2	40
	重庆市	15	武隆区、垫江县、忠县、巫山县	开县、巫溪县、奉节县、云阳县、合川区等	梁平区、彭水县、黔江区	秀山县、酉阳县	
12	河南	5	1	2	1	1	158
	信阳市	5	固始县	光山县、罗山县	商城县	新县	
13	四川	43	40	3	0	0	181
	泸州市	3	纳溪区、叙永县、泸县				
	达州市	3		宣汉县、达县、万源市			
	宜宾市	6	屏山县、南溪区、江安县、高县、翠屏区、宜宾县				
	南充市	8	嘉陵区、高坪区、顺庆区、阆中市、蓬安县、营山县、南部县、仪陇县				
	凉山彝族自治州	1	德昌县				

续表

序号	单位	油茶分布县（市、区）数量及名称						所辖（市、区）总数/个
		合计/个	小于或等于1万亩的县级名称	1~5万亩的县级名称	5~10万亩的县级名称	大于10万亩的县级名称		
		642	261	142	97	142		1537
13	绵阳市	2	平武县、安县					181
	广元市	7	剑阁县、元坝区、朝天区、青川县、旺苍县、利州区、苍溪县					
	内江市	2	隆昌市、威远县					
	广安市	3	邻水县、华蓥市、广安区					
	巴中市	4	巴州区、通江县、平昌县、南江县					
	眉山市	3	仁寿县、丹棱县、青神县					
	自贡市	1	荣县					
14	陕西	13	8	4	1	0		107
	汉中市	6	勉县	城固县、镇巴县、西乡县、宁强县	南郑区			
	安康市	6	石泉县、汉阴县、紫阳县、汉滨县、平利县、白河县					
	商洛市	1	商南县					

注：表格中数据以《全国油茶产业发展规划（2009—2020年）》为参考。

2.4 2009—2020年全国油茶产业发展规划建设范围与建设布局

2.4.1 建设范围

按油茶物种地理分布和自然条件，以"全国油茶林区划"划分的"三带、九区"为基础，根据油茶产业发展现状和发展潜力，确定全国油茶产业发展规划范围为"三带、九区"中适宜油茶产业发展的浙江、安徽、福建、江西、河南、湖北、湖南、广东、广西、重庆、四川、贵州、云南、陕西等14个省（区、市）中的642个县（市、区）。

2.4.2 建设布局

（1）栽培区划分

《全国油茶产业发展规划（2009—2020年）》按油茶生产适宜条件将我国油茶栽培划分为最适宜栽培区、适宜栽培区和较适宜栽培区三个栽培区。最适宜栽培区包括湖南、江西、广西、浙江、福建、广东、湖北、安徽8省（区）的292个县（市、区）的丘陵山区；适宜栽培区包括湖南、广西、浙江、福建、湖北、贵州、重庆、四川 8 省（区、市）的 167 个县（市、区）的低山丘陵区；较适宜栽培区，包括广西、福建、广东、湖北、安徽、云南、河南、四川、陕西 9 省（区）的 183 个县（市、区）的部分地区。

（2）油茶产业发展建设布局

以我国油茶适宜栽培区划为依据，结合油茶林资源现状和适宜发展区域条件的特点，充分考虑油茶栽培历史和群众营造与经营管理的技术水平，以及油茶集约化、产业化、规模化、标准化的发展模式，根据现有林种植规模、良种选育基础和近期良种种苗保障供给能力，以及宜林地资源优劣、可供程度等条件，将油茶产业发展规划建设布局确定为核心发展区、积极发展区和一般发展区三个建设发展区。核心发展区涉及湖南、江西、广西 3 省（区）的 271 个县（市、区），其中最适宜栽培县 211 个，适宜栽培县 60 个；积极发展区涉及浙江、福建、广东、湖北、贵州、安徽、广西（部分）7 省（区）的 248 个县（市、区），其中最适宜栽培县 81 个，适宜栽培县 81 个，较适宜栽培县 86 个；一般发展区涉及云南、重庆、河南、四川、陕西 5 省（市）的 123 个县（市、区），其中适宜栽培县 26 个，较适宜栽培县 97 个。

参考文献

[1] 国家林业局. 全国油茶产业发展规划（2009—2020 年）[Z]. 2009：1-8，64-67.

3 我国油茶主产区气候

3.1 气温

3.1.1 平均气温

（1）年平均气温

1981—2010 年我国油茶主产县（市、区）的年平均气温分布在 7.3～24.6 ℃区间内，其中种植面积在 5 万亩以上的县（市、区）年平均气温分布在 13.3～23.1 ℃区间内（表 3-1）。从图 3-1～图 3-4 及表 3-1 可以看出，种植面积小（≤1 万）、较大（5～10 万亩）、大（＞10 万亩）的县（市、区）[①] 年平均气温概率密度分布图的峰点均在平均值的左方，分别位于 16.6 ℃、17.0 ℃、17.8 ℃附近；较小面积（1～5 万亩）[①] 的在平均值的右方，位于 17.2 ℃附近；累积概率达 90% 的最小温度区间依据种植面积从小到大依次为 14.6～21.6 ℃、14.1～21.1 ℃、15.4～21.5 ℃、15.9～20.7 ℃。据表 3-1 和图 3-5 可知，种植面积 5 万亩以上县（市、区）的年平均气温分布区间跨度明显小于种植面积 5 万亩以下的温度分布区间。

表 3-1 油茶不同种植面积县（市、区）1981—2010 年年平均气温统计指标

种植面积	有效样本	最低值/℃	最高值/℃	离散系数	偏度系数	峰度系数
≤1 万亩	6421	10.4	24.6	0.119	17.2	9.2
1～5 万亩	3904	7.3	25.2	0.122	−5.5	29.9
5～10 万亩	2730	13.4	23.1	0.102	3.8	−5.7
＞10 万亩	4033	13.3	23.1	0.077	8.7	7.3

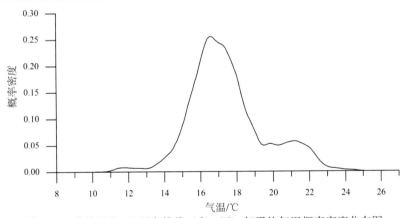

图 3-1 种植面积≤1 万亩的县（市、区）年平均气温概率密度分布图

---

① 注：本章中种植面积小指≤1 万亩，较小面积指 1～5 万亩（大于 1 万亩且小于或等于 5 万亩），较大面积指 5～10 万亩（大于 5 万亩且小于或等于 10 万亩），大面积指＞10 万亩。后同。

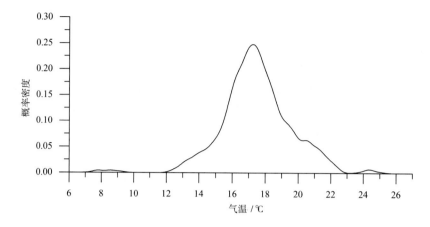

图 3-2　种植面积为 1~5 万亩的县（市、区）年平均气温概率密度分布图

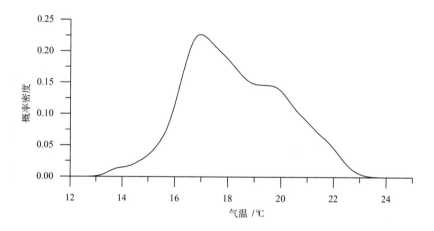

图 3-3　种植面积为 5~10 万亩的县（市、区）年平均气温概率密度分布图

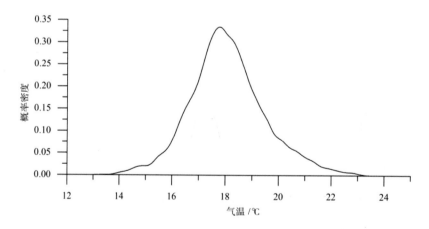

图 3-4　种植面积>10 万亩的县（市、区）年平均气温概率密度分布图

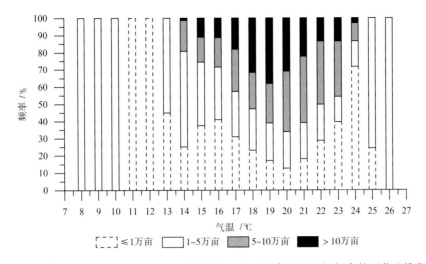

图 3-5　不同种植面积县（市、区）年平均气温出现在各温度区间频率的百分比堆积图

（2）年平均最高气温

1981—2010 年我国油茶主产县（市、区）的年平均最高气温分布在 10.5～32.2 ℃ 区间内，其中种植面积在 5 万亩以上的县（市、区）年平均最高气温分布在 17.5～29.0 ℃ 区间内（表 3-2）。从图 3-6～图 3-9 及表 3-2 可以看出，种植面积小、较大、大的县（市、区）年平均最高气温概率密度分布图的峰点均在平均值的左方，分别位于 21.5 ℃、21.7 ℃、22.4 ℃ 附近，较小面积的在平均值的右方，位于 21.8 ℃ 附近；累积概率达 90% 的最小温度区间依据种植面积从小到大依次为 19.6～26.3 ℃、19.4～26.4 ℃、20.2～26.8 ℃、20.6～25.9 ℃。据表 3-2 和图 3-10 可以得出，油茶种植面积 5 万亩以上县（市、区）的年平均最高气温分布区间跨度明显小于种植面积 5 万亩以下的温度分布区间，其特点较年平均气温更明显。

表 3-2　油茶不同种植面积县（市、区）1981—2010 年年平均最高气温统计指标

种植面积	有效样本	最低值/℃	最高值/℃	离散系数	偏度系数	峰度系数
≤1 万亩	6421	13.6	32.2	0.095	17.4	23.3
1～5 万亩	3904	10.5	32.1	0.105	−4.5	43.4
5～10 万亩	2730	17.5	28.4	0.090	1.8	−8.6
>10 万亩	4033	17.5	29.0	0.069	11.5	5.4

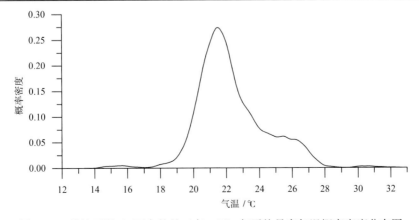

图 3-6　种植面积≤1 万亩的县（市、区）年平均最高气温概率密度分布图

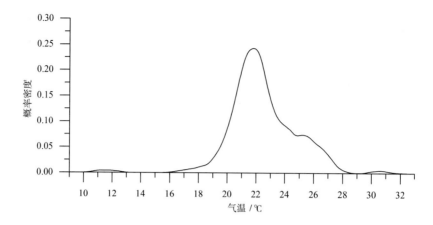

图 3-7 种植面积为 1~5 万亩的县（市、区）年平均最高气温概率密度分布图

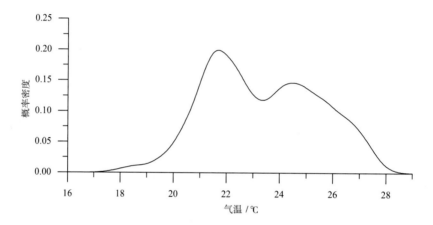

图 3-8 种植面积为 5~10 万亩的县（市、区）年平均最高气温概率密度分布图

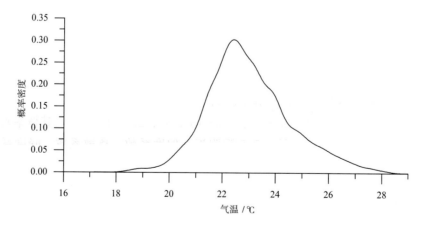

图 3-9 种植面积＞10 万亩的县（市、区）平均最高气温概率密度分布图

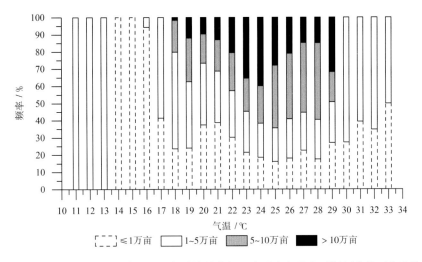

图 3-10　不同种植面积县（市、区）年平均最高气温出现在各温度区间频率的百分比堆积图

（3）年平均最低气温

1981—2010 年我国油茶主产县（市、区）的年平均最低气温分布在 4.6~21.1 ℃区间内，其中种植面积在 5 万亩以上的县（市、区）年平均最低气温分布在 9.8~19.8 ℃区间内（表 3-3）。累积概率达 90% 的最小温度区间依据种植面积从小到大依次为 10.2~18.4 ℃、10.4~17.7 ℃、11.7~17.9 ℃、12.2~17.3 ℃，其概率密度峰值分别出现在 13.6 ℃、13.7 ℃、13.8 ℃、14.6 ℃附近。峰点相对于平均值的位置、离散系数、峰度系数及频率百分比堆积图所呈现出的特点同年平均气温。

表 3-3　油茶不同种植面积县（市、区）1981—2010 年年平均最低气温统计指标

种植面积	有效样本	最低值/℃	最高值/℃	离散系数	偏度系数	峰度系数
≤1 万亩	6421	7.3	20.8	0.170	11.1	−2.2
1~5 万亩	3904	4.6	21.1	0.157	−4.2	16.1
5~10 万亩	2730	10.1	19.8	0.125	3.1	−5.1
>10 万亩	4033	9.8	19.6	0.101	3.8	4.4

（4）1 月平均气温

1981—2010 年我国油茶主产县（市、区）的 1 月平均气温分布在 −5.6~20.6 ℃区间内，其中种植面积在 5 万亩以上的县（市、区）1 月平均气温分布在 −0.9~15.9 ℃区间内（表 3-4）。累积概率达 90% 的最小温度区间（图 3-11~图 3-14）依据种植面积从小到大依次为 2.0~13.5 ℃、1.9~12.8 ℃、2.6~13.5 ℃、2.9~11.8 ℃，其概率密度峰值分别出现在 5.1 ℃、5.2 ℃、5.4 ℃、5.7 ℃附近。偏度系数、离散系数、峰度系数及频率百分比堆积图所呈现出的特点基本同年平均气温。

表 3-4　油茶不同种植面积县（市、区）1981—2010 年 1 月平均气温统计指标

种植面积	有效样本	最低值/℃	最高值/℃	离散系数	偏度系数	峰度系数
≤1 万亩	6746	−3.3	18.8	0.498	18.0	−3.4
1~5 万亩	4018	−5.6	20.6	0.505	17.3	8.9
5~10 万亩	2760	−0.3	15.8	0.439	4.5	−9.0
>10 万亩	4031	−0.9	15.9	0.384	16.5	4.5

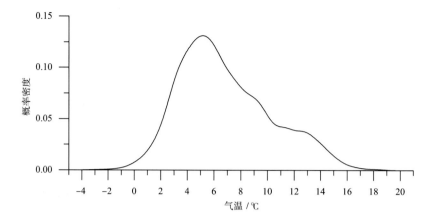

图 3-11　种植面积≤1 万亩的县（市、区）1 月平均气温概率密度分布图

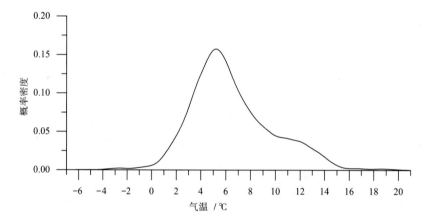

图 3-12　种植面积为 1～5 万亩的县（市、区）1 月平均气温概率密度分布图

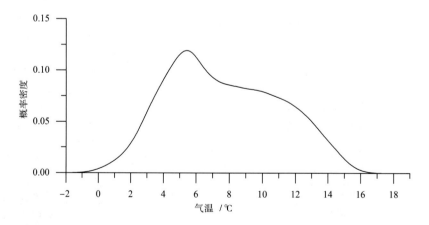

图 3-13　种植面积为 5～10 万亩的县（市、区）1 月平均气温概率密度分布图

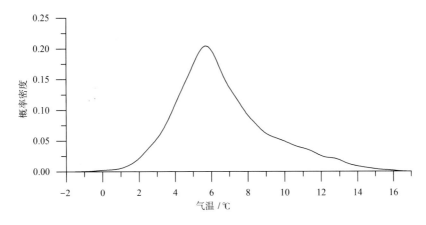

图 3－14　种植面积＞10 万亩的县（市、区）1 月平均气温概率密度分布图

（5）1 月平均最高、最低气温

1981—2010 年我国油茶主产县（市、区）的 1 月平均最高气温分布在 −2.1～27.7 ℃ 区间内，其中种植面积在 5 万亩以上的县（市、区）1 月平均最高气温分布在 3.0～21.5 ℃ 区间内（表 3－5）。累积概率达 90% 的最小温度区间依据种植面积从小到大依次为 5.9～ 19.4 ℃、5.7～18.6 ℃、6.3～19.3 ℃、6.4～17.0 ℃，其概率密度峰值分别出现在 8.9 ℃、 9.1 ℃、9.1 ℃、9.2 ℃附近。峰点相对于平均值的位置均位于左方，离散系数、峰度系数及频率百分比堆积图所呈现出的特点同年平均气温（图略）。

表 3－5　油茶不同种植面积县（市、区）1981—2010 年 1 月平均最高气温统计指标

种植面积	有效样本	最低值/℃	最高值/℃	离散系数	偏度系数	峰度系数
≤1 万亩	6751	0.3	27.7	0.370	23.1	−4.4
1～5 万亩	4024	−2.1	27.0	0.361	18.7	7.0
5～10 万亩	2760	3.3	21.3	0.326	4.2	−10.2
>10 万亩	4032	3.0	21.5	0.287	17.6	1.6

1981—2010 年我国油茶主产县（市、区）的 1 月平均最低气温分布在 −8.4～16.3 ℃ 区间内，其中种植面积在 5 万亩以上的县（市、区）1 月平均最低气温分布在 −6.2～13.0 ℃ 区间内（表 3－6）。累积概率达 90% 的最小温度区间依据种植面积从小到大依次为 −1.3～ 10.1 ℃、−1.4～9.6 ℃、−0.5～9.9 ℃、0.0～8.7 ℃，其概率密度峰值分别出现在 2.3 ℃、 2.3 ℃、2.8 ℃、2.9 ℃附近。偏度系数、离散系数、峰度系数及频率百分比堆积图所呈现出的特点同 1 月平均气温（图略）。

表 3－6　油茶不同种植面积县（市、区）1981—2010 年 1 月平均最低气温统计指标

种植面积	有效样本	最低值/℃	最高值/℃	离散系数	偏度系数	峰度系数
≤1 万亩	6754	−5.8	13.9	0.930	17.5	−2.0
1～5 万亩	4023	−8.4	16.3	0.947	14.0	7.9
5～10 万亩	2760	−4.6	13.0	0.704	3.3	−7.6
>10 万亩	4032	−6.2	12.8	0.663	11.6	6.9

（6）7 月平均气温

1981—2010 年我国油茶主产县（市、区）的 7 月平均气温分布在 16.7～32.6 ℃ 区间内，其中种植面积在 5 万亩以上的县（市、区）7 月平均气温分布在 21.3～32.6 ℃ 区间内

（表3-7）。种植面积小、较小、较大、大的县（市、区）7月平均气温概率密度分布图的峰点均在平均值的右方，分别位于28.3 ℃、28.3 ℃、28.0 ℃、28.9 ℃附近。累积概率达90%的最小温度区间依据种植面积从小到大依次为20.7～30.3 ℃、21.4～30.3 ℃、24.5～30.0 ℃、25.8～30.7 ℃。离散系数、峰度系数及频率百分比堆积图所呈现出的特点同年平均气温（图略）。

表3-7　油茶不同种植面积县（市、区）1981—2010年7月平均气温统计指标

种植面积	有效样本	最低值/℃	最高值/℃	离散系数	偏度系数	峰度系数
≤1万亩	6746	17.7	32.6	0.105	−37.4	10.6
1～5万亩	4020	16.7	32.6	0.094	−37.0	29.6
5～10万亩	2760	21.3	32.5	0.060	−16.5	11.9
>10万亩	4031	21.6	32.6	0.055	−13.6	13.3

（7）7月平均最高、最低气温

1981—2010年我国油茶主产县（市、区）的7月平均最高气温分布在18.9～39.5 ℃区间内，其中种植面积在5万亩以上的县（市、区）7月平均最高气温分布在24.4～39.5 ℃区间内（表3-8）。种植面积小、较小、较大、大的县（市、区）7月平均最高气温概率密度分布图的峰点均在平均值的右方，分别位于32.8 ℃、33.4 ℃、33.4 ℃、33.7 ℃附近。累积概率达90%的最小温度区间依据种植面积从小到大依次为25.2～35.4 ℃、25.5～35.7 ℃、28.9～35.7 ℃、30.4～36.2 ℃。离散系数、峰度系数及频率百分比堆积图所呈现出的特点同7月平均气温（图略）。

表3-8　油茶不同种植面积县（市、区）1981—2010年7月平均最高气温统计指标

种植面积	有效样本	最低值/℃	最高值/℃	离散系数	偏度系数	峰度系数
≤1万亩	6753	21.9	38.9	0.094	−31.1	8.1
1～5万亩	4024	18.9	38.5	0.093	−37.5	33.7
5～10万亩	2759	24.4	39.4	0.063	−15.9	12.4
>10万亩	4033	26.0	39.5	0.053	−9.9	7.9

1981—2010年我国油茶主产县（市、区）的7月平均最低气温分布在14.2～28.4 ℃区间内，其中种植面积在5万亩以上的县（市、区）7月平均最低气温分布在18.2～28.4 ℃区间内（表3-9）。种植面积小、较小、较大、大的县（市、区）7月平均最低气温概率密度分布图的峰点均在平均值的右方，分别位于24.8 ℃、24.5 ℃、24.3 ℃、24.9 ℃附近。累积概率达90%的最小温度区间依据种植面积从小到大依次为17.6～26.6 ℃、18.6～26.4 ℃、21.2～26.1 ℃、22.4～26.8 ℃。离散系数、峰度系数及频率百分比堆积图所呈现出的特点同7月平均气温（图略）。

表3-9　油茶不同种植面积县（市、区）1981—2010年7月平均最低气温统计指标

种植面积	有效样本	最低值/℃	最高值/℃	离散系数	偏度系数	峰度系数
≤1万亩	6753	14.6	28.4	0.113	−38.5	10.7
1～5万亩	4024	14.2	28.2	0.096	−34.7	26.7
5～10万亩	2760	18.4	28.0	0.062	−11.7	7.5
>10万亩	4033	18.2	28.4	0.056	−14.1	18.1

3.1.2 极端气温

（1）年极端最高气温

1981—2010 年我国油茶主产县（市、区）的年极端最高气温分布在 23.2~44.4 ℃ 区间内，其中种植面积在 5 万亩以上的县（市、区）年极端最高气温分布在 29.6~44.4 ℃ 区间内（表 3-10）。从图 3-15~图 3-18 及表 3-10 的峰度系数可以看出，种植面积小、较小、较大、大的县（市、区）年极端最高气温概率密度分布图的峰点均在平均值的右方，分别位于 37.2 ℃、37.6 ℃、37.5 ℃、38.5 ℃ 附近。累积概率达 90% 的最小温度区间依据种植面积从小到大依次为 30.4~40.0 ℃、31.3~40.1 ℃、33.8~39.8 ℃、35.5~40.3 ℃。分析表 3-10 及图 3-15~图 3-18 可以得出，不同油茶种植面积县（市、区）的年极端最高气温分布差异主要显现在低于 35 ℃ 的温度区间。

表 3-10 油茶不同种植面积县（市、区）1981—2010 年年极端最高气温统计指标

种植面积	有效样本	最低值/℃	最高值/℃	离散系数	偏度系数	峰度系数
≤1 万亩	6421	26.8	43.3	0.075	−34.9	15.3
1~5 万亩	3904	23.2	43.2	0.070	−39.8	47.2
5~10 万亩	2730	29.6	44.4	0.050	−21.6	22.1
>10 万亩	4033	30.0	43.2	0.039	−13.5	15.6

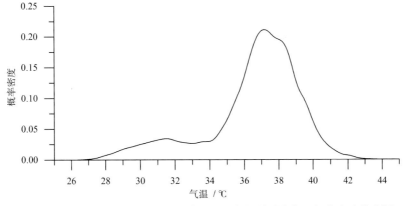

图 3-15 种植面积≤1 万亩的县（市、区）年极端最高气温概率密度分布图

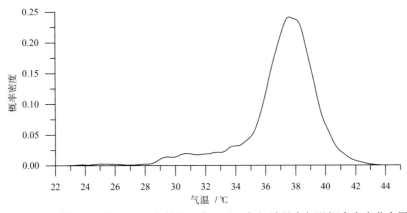

图 3-16 种植面积为 1~5 万亩的县（市、区）年极端最高气温概率密度分布图

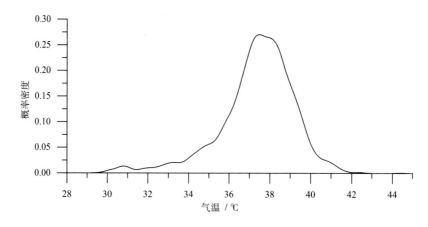

图 3-17 种植面积为 5～10 万亩的县（市、区）年极端最高气温概率密度分布图

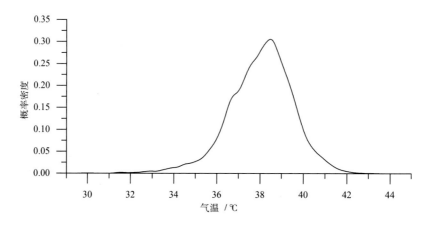

图 3-18 种植面积＞10 万亩的县（市、区）年极端最高气温概率密度分布图

（2）年极端最低气温

1981—2010 年我国油茶主产县（市、区）的年极端最低气温分布在 −22.7～10.3 ℃区间内，其中种植面积在 5 万亩以上的县（市、区）年极端最低气温分布在 −17.0～5.9 ℃区间内（表 3-11）。从概率密度分布图（图 3-19～图 3-22）及表 3-11 的峰度系数可以看出，种植面积小、较小、较大、大的县（市、区）年极端最低气温概率密度分布图的峰点均在平均值的右方，分别位于 −2.7 ℃、−2.8 ℃、−3.1 ℃、−2.6 ℃附近。累积概率达 90% 的最小温度区间依据种植面积从小到大依次为 −8.4～3.4 ℃、−8.5～2.2 ℃、−7.5～2.4 ℃、−7.2～1.2 ℃。

表 3-11 油茶不同种植面积县（市、区）1981—2010 年年极端最低气温统计指标

种植面积	有效样本	最低值/℃	最高值/℃	离散系数	偏度系数	峰度系数
≤1 万亩	6421	−16.7	9.5	−1.410	−1.1	1.6
1～5 万亩	3904	−22.7	10.3	−1.050	−6.7	28.2
5～10 万亩	2730	−15.9	5.9	−1.150	−3.8	5.5
＞10 万亩	4033	−17.0	5.8	−0.890	−8.3	25.5

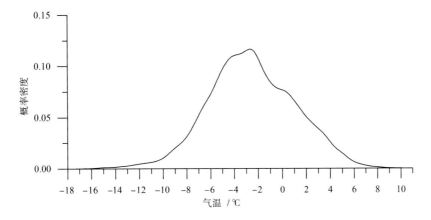

图 3-19 种植面积≤1 万亩的县（市、区）年极端最低气温概率密度分布图

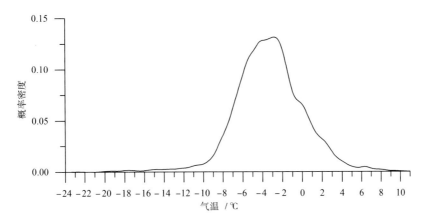

图 3-20 种植面积为 1~5 万亩的县（市、区）年极端最低气温概率密度分布图

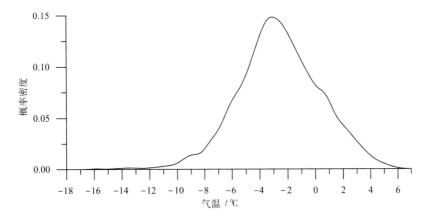

图 3-21 种植面积为 5~10 万亩的县（市、区）年极端最低气温概率密度分布图

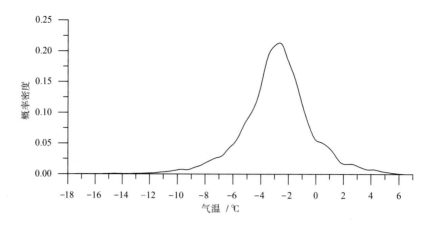

图 3-22　种植面积>10万亩的县（市、区）年极端最低气温概率密度分布图

3.1.3　气温日较差

1981—2010年我国油茶主产县（市、区）的气温日较差分布在4.3～14.3℃区间内，其中种植面积在5万亩以上的县（市、区）气温日较差分布在5.8～12.0℃区间内（表3-12）。从概率密度分布图（图3-23～图3-26）及表3-12的峰度系数可以看出，种植面积小、较小、较大、大的县（市、区）气温日较差概率密度分布图的峰点均在平均值的左方，分别位于7.9℃、8.4℃、8.1℃、8.1℃附近，分布图差异不明显，累积概率达90%的最小气温日较差区间依据种植面积从小到大依次为6.2～11.4℃、6.7～10.3℃、7.1～10.2℃、7.0～9.9℃。

表3-12　油茶不同种植面积县（市、区）1981—2010年气温日较差统计指标

种植面积	有效样本	最低值/℃	最高值/℃	离散系数	偏度系数	峰度系数
≤1万亩	6421	4.3	14.3	0.186	23.5	8.3
1～5万亩	3904	5.4	13.5	0.133	8.8	10.8
5～10万亩	2730	5.8	12.0	0.110	3.2	0.0
>10万亩	4033	6.2	11.8	0.110	12.1	0.1

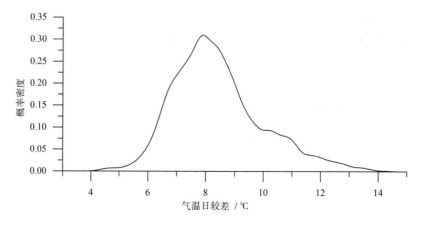

图 3-23　种植面积≤1万亩的县（市、区）气温日较差概率密度分布图

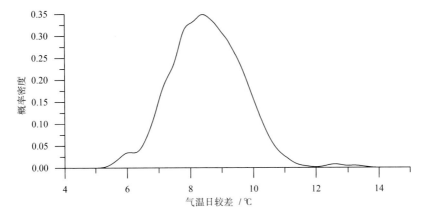

图 3-24 种植面积为 1～5 万亩的县（市、区）气温日较差概率密度分布图

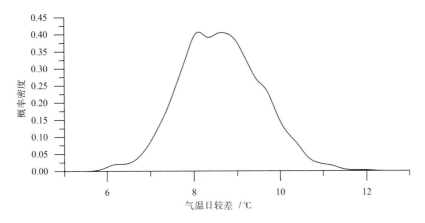

图 3-25 种植面积为 5～10 万亩的县（市、区）气温日较差概率密度分布图

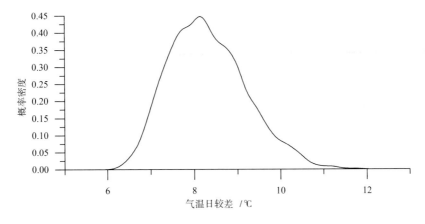

图 3-26 种植面积＞10 万亩的县（市、区）气温日较差概率密度分布图

3.2 积温

（1）日平均气温≥0 ℃积温

1981—2010 年我国油茶主产县（市、区）的年日平均气温≥0 ℃积温分布在 3070.9～9193.7 ℃·d区间内，其中种植面积在 5 万亩以上的县（市、区）年日平均气温≥0 ℃积温分布在 4920.8～8432.3 ℃·d 区间内（表 3-13）。概率密度分布图（图略）形态同年平均气温，种植面积小、较大、大的县（市、区）日平均气温≥0 ℃积温概率密度分布图的峰点均在平均值的左方，分别位于 6061.9 ℃·d、6197.2 ℃·d、6494.5 ℃·d附近；较小面积的在右方，峰点位于 6296.0 ℃·d 附近。累积概率达 90% 的最小积温区间依据种植面积从小到大依次为 5336.3～7878.0 ℃·d、5150.3～7699.6 ℃·d、5648.8～7841.7 ℃·d、5801.3～7542.4 ℃·d。

表 3-13　油茶不同种植面积县（市、区）1981—2010 年日平均气温≥0 ℃积温统计指标

种植面积	有效样本	最低值/（℃·d）	最高值/（℃·d）	离散系数	偏度系数	峰度系数
≤1 万亩	6421	4124.8	8995.7	0.118	18.7	8.2
1～5 万亩	3904	3070.9	9193.7	0.120	−2.3	23.5
5～10 万亩	2730	4920.8	8425.1	0.100	3.9	−5.7
>10 万亩	4033	4986.1	8432.3	0.080	9.2	7.1

（2）日平均气温≥5 ℃积温

1981—2010 年我国油茶主产县（市、区）的年日平均气温≥5 ℃积温分布在 2902.6～9193.7 ℃·d区间内，其中种植面积在 5 万亩以上的县（市、区）年日平均气温≥5 ℃积温分布在 4740～8432.3 ℃·d 区间内（表 3-14）。概率密度分布图（图略）形态同年平均气温，种植面积小、较大、大的县（市、区）日平均气温≥5 ℃积温概率密度分布图的峰点均在平均值的左方，分别位于 5962.4 ℃·d、6081.4 ℃·d、6434.6 ℃·d 附近；较小面积的在右方，峰点位于 6149.4 ℃·d 附近。累积概率达 90% 的最小积温区间依据种植面积从小到大依次为 5196.8～7879.9 ℃·d、5008.9～7690.9 ℃·d、5512.2～7847.5 ℃·d、5683.9～7535.0 ℃·d。

表 3-14　油茶不同种植面积县（市、区）1981—2010 年日平均气温≥5 ℃积温统计指标

种植面积	有效样本	最低值/（℃·d）	最高值/（℃·d）	离散系数	偏度系数	峰度系数
≤1 万亩	6421	4016.9	8995.7	0.125	18.1	6.4
1～5 万亩	3904	2902.6	9193.7	0.128	−1.6	20.2
5～10 万亩	2730	4740.0	8425.1	0.108	3.2	−6.2
>10 万亩	4033	4909.5	8432.3	0.080	9.3	5.8

（3）日平均气温≥10 ℃积温

1981—2010 年我国油茶主产县（市、区）的年日平均气温≥10 ℃积温分布在 2303.4～9193.7 ℃·d区间内，其中种植面积在 5 万亩以上的县（市、区）年日平均气温≥10 ℃积温分布在 4233.1～8390.9 ℃·d 区间内（表 3-15）。概率密度分布图（图略）形态同年平均气温，种植面积小、较小、较大、大的县（市、区）日平均气温≥10 ℃积温概率密度分布图的峰点均在平均值的左方，分别位于 5470.7 ℃·d、5696.9 ℃·d、5584.3 ℃·d、5873.8 ℃·d 附近。累积概率达 90% 的最小积温区间依据种植面积从小到大依次为 5718.6～7751.9 ℃·d、4538.6～7515.8 ℃·d、5039.0～7735 ℃·d、5194.2～7315.8 ℃·d。

表 3-15　油茶不同种植面积县（市、区）1981—2010 年日平均气温≥10 ℃积温统计指标

种植面积	有效样本	最低值/（℃·d）	最高值/（℃·d）	离散系数	偏度系数	峰度系数
≤1 万亩	6421	3579.8	8995.7	0.153	25.3	6.6
1～5 万亩	3904	2303.4	9193.7	0.152	5.8	17.4
5～10 万亩	2730	4233.1	8378.3	0.133	6.7	−6.6
>10 万亩	4033	4524.9	8390.9	0.102	16.3	8.2

（4）日平均气温≥15 ℃积温

1981—2010 年我国油茶主产县（市、区）的年日平均气温≥15 ℃积温分布在 1279.8～9151.2 ℃·d 区间内，其中种植面积在 5 万亩以上的县（市、区）年日平均气温≥15 ℃积温分布在 3361～7843.4 ℃·d 区间内（表 3-16）。概率密度分布图（图略）形态同年平均气温，种植面积小、较小、较大、大的县（市、区）日平均气温≥15 ℃积温概率密度分布图的峰点均在平均值的左方，分别位于 4805.3 ℃·d、5040.7 ℃·d、4946.4 ℃·d、5299.6 ℃·d 附近。累积概率达 90% 的最小积温区间依据种植面积从小到大依次为 3865.7～7085.3 ℃·d、3734.1～6829.4 ℃·d、4341.6～7056.7 ℃·d、4523.8～6583.7 ℃·d。

表 3-16　油茶不同种植面积县（市、区）1981—2010 年日平均气温≥15 ℃积温统计指标

种植面积	有效样本	最低值/（℃·d）	最高值/（℃·d）	离散系数	偏度系数	峰度系数
≤1 万亩	6421	2731.4	8929.3	0.181	28.1	16.9
1～5 万亩	3904	1279.8	9151.2	0.181	5.5	27.6
5～10 万亩	2730	3361.0	7843.4	0.150	8.8	−3.1
>10 万亩	4033	3728.2	7814.4	0.090	17.1	12.3

（5）日平均气温≥20 ℃积温

1981—2010 年我国油茶主产县（市、区）的年日平均气温≥20 ℃积温分布在 0～8215.4 ℃·d 区间内，其中种植面积在 5 万亩以上的县（市、区）年日平均气温≥20 ℃积温分布在 2228.6～6833.3 ℃·d 区间内（表 3-17）。概率密度分布图（图 3-27～图 3-30）中种植面积小、较小的县（市、区）为右偏型，种植面积较大、大的县（市、区）为左偏型，密度峰点分别位于 3812.2 ℃·d、4029.5 ℃·d、3943.9 ℃·d、4326.4 ℃·d 附近。累积概率达 90% 的最小积温区间依据种植面积从小到大依次为 1833.0～5871.8 ℃·d、2215.5～5671.6 ℃·d、3184.4～5761.5 ℃·d、3461.0～5489.6 ℃·d。

表 3-17　油茶不同种植面积县（市、区）1981—2010 年日平均气温≥20 ℃积温统计指标

种植面积	有效样本	最低值/（℃·d）	最高值/（℃·d）	离散系数	偏度系数	峰度系数
≤1 万亩	6421	143.8	7687.7	0.278	−4.5	16.4
1～5 万亩	3904	0.0	8215.4	0.262	−14.2	31.0
5～10 万亩	2730	2228.6	6820.8	0.177	3.6	−1.6
>10 万亩	4033	2475.8	6833.3	0.138	7.7	8.2

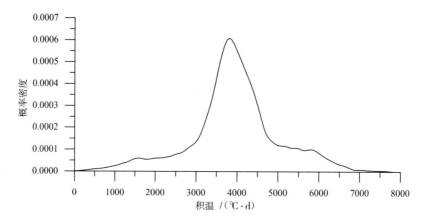

图 3-27 种植面积≤1 万亩的县（市、区）日平均气温≥20 ℃积温概率密度分布图

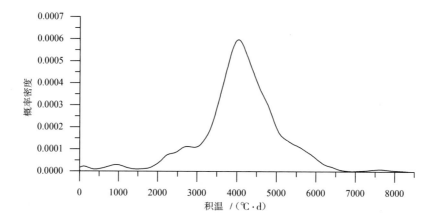

图 3-28 种植面积为 1～5 万亩的县（市、区）日平均气温≥20 ℃积温概率密度分布图

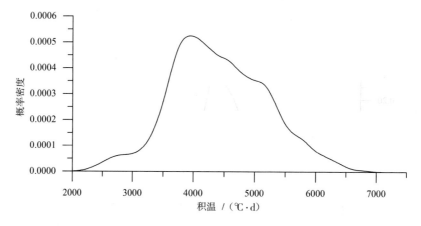

图 3-29 种植面积为 5～10 万亩的县（市、区）日平均气温≥20 ℃积温概率密度分布图

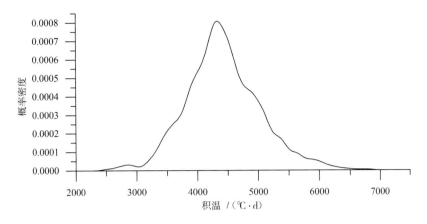

图 3-30 种植面积>10 万亩的县（市、区）日平均气温≥20 ℃积温概率密度分布图

3.3 地表温度

1981—2010 年我国油茶主产县（市、区）的年均地表温度分布在 9.6～31.8 ℃之间，其中种植面积在 5 万亩以上的县（市、区）年均地表温度分布在 15.0～26.5 ℃区间内（表 3-18）。概率密度分布图（图 3-31～图 3-34）中，种植面积小、较小、较大、大的县（市、区）均为左偏型，峰点分别位于 19.4 ℃、19.2 ℃、19.2 ℃、20.2 ℃附近；累积概率达 90% 的最小温度区间依据种植面积从小到大依次为 16.8～24.2 ℃、16.5～23.7 ℃、17.4～24.3 ℃、17.9～23.5 ℃。

表 3-18 油茶不同种植面积县（市、区）1981—2010 年地表温度统计指标

种植面积	有效样本	最低值/℃	最高值/℃	离散系数	偏度系数	峰度系数
≤1 万亩	6421	12.1	29.5	0.114	20.6	12.5
1～5 万亩	3904	9.6	31.8	0.110	9.3	19.8
5～10 万亩	2730	15.0	26.0	0.104	3.0	−7.6
>10 万亩	4033	15.4	26.5	0.082	12.9	9.9

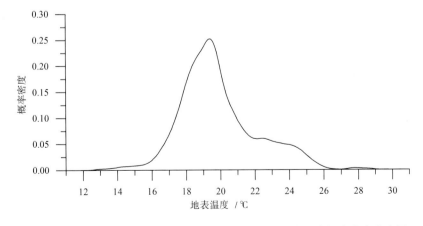

图 3-31 种植面积≤1 万亩的县（市、区）年平均地表温度概率密度分布图

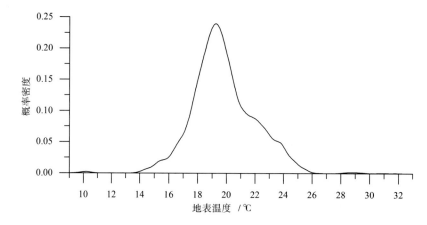

图 3-32　种植面积为 1～5 万亩的县（市、区）年平均地表温度概率密度分布图

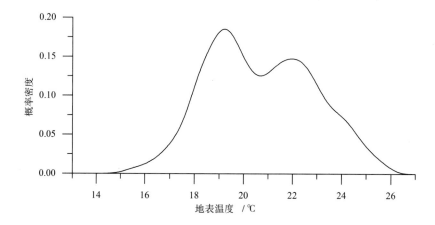

图 3-33　种植面积为 5～10 万亩的县（市、区）年平均地表温度概率密度分布图

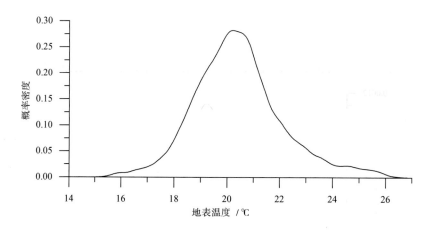

图 3-34　种植面积＞10 万亩的县（市、区）年平均地表温度概率密度分布图

3.4　降水

3.4.1　年降水量

　　1981—2010 年我国油茶主产县（市、区）的年降水量分布在 214.22~3604.8 mm 区间内，其中种植面积在 5 万亩以上的县（市、区）年降水量分布在 411.4~3036.8 mm 区间内（表 3-19）。从图 3-35~图 3-38 及表 3-19 可以看出，种植面积小、较小、较大、大的县（市、区）年降水概率密度分布图的峰点均在平均值的左方，分别位于 1052.7 mm、1365.7 mm、1480.9 mm、1374.8 mm 附近。累积概率达 90% 的最小降水量区间依据种植面积从小到大依次为 654.7~2010.2 mm、766.2~2151.3 mm、861.2~2177.3 mm、948.7~2119.0 mm，区间左端点值的差异明显大于右端点。分析表 3-19、图 3-35~图 3-38可以得出，不同种植面积县（市、区）的年降水量均有较好的集中区间。

表 3-19　油茶不同种植面积县（市、区）1981—2010 年年降水量统计指标

种植面积	有效样本	最低值/mm	最高值/mm	离散系数	偏度系数	峰度系数
≤1 万亩	6381	295.0	3604.8	0.334	22.9	11.2
1~5 万亩	3839	214.2	2903.7	0.285	3.9	3.7
5~10 万亩	2721	411.4	2929.5	0.263	5.8	0.2
>10 万亩	4022	460.0	3036.8	0.236	11.4	8.3

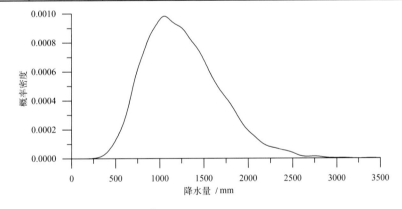

图 3-35　种植面积≤1 万亩的县（市、区）年降水量概率密度分布图

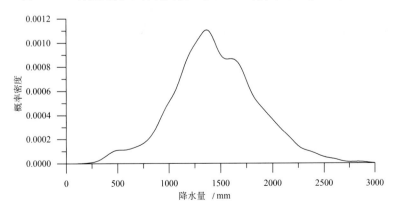

图 3-36　种植面积为 1~5 万亩的县（市、区）年降水量概率密度分布图

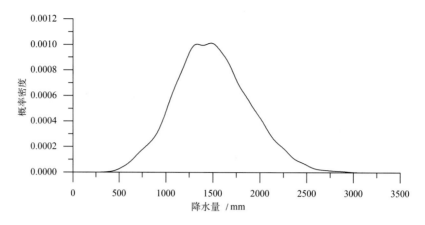

图 3-37　种植面积为 5～10 万亩的县（市、区）年降水量概率密度分布图

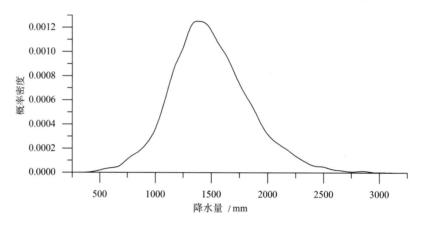

图 3-38　种植面积＞10 万亩的县（市、区）年降水量概率密度分布图

3.4.2　降水日数

（1）年降水日数

1981—2010 年我国油茶主产县（市、区）的年降水日数分布在 69～254 d 区间内，其中种植面积在 5 万亩以上的县（市、区）年降水日数分布在 73～254 d 区间内（表 3-20）。从概率密度图（图 3-39～图 3-42）和表 3-20 可以看出，种植面积小的县（市、区）年降水日数概率密度分布图的峰点在平均值的左方，位于 142.1 d 附近；较小、较大、大的均在右方，依次位于 157.9 d、155.6 d、159.7 d 附近。累积概率达 90% 的最小降水日数区间依据种植面积从小到大依次为 103.8～181.1 d、108.6～193.2 d、114.6～189.7 d、123.5～188.7 d，区间左端点值随种植面积的增大而增大，右端点值差异相对较小。

表 3-20　油茶不同种植面积县（市、区）1981—2010 年年降水日数统计指标

种植面积	有效样本	最低值/d	最高值/d	离散系数	偏度系数	峰度系数
≤1 万亩	6389	69	223	0.165	1.9	−4.3
1～5 万亩	3852	70	238	0.165	−2.9	4.3
5～10 万亩	2721	73	225	0.146	−3.1	0.0
＞10 万亩	4027	89	254	0.127	−0.8	4.4

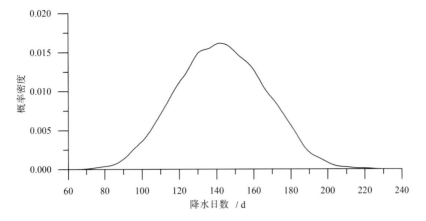

图 3-39　种植面积≤1 万亩的县（市、区）年降水日数概率密度分布图

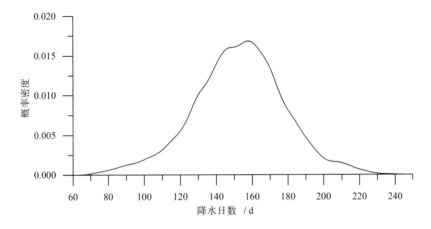

图 3-40　种植面积为 1~5 万亩的县（市、区）年降水日数概率密度分布图

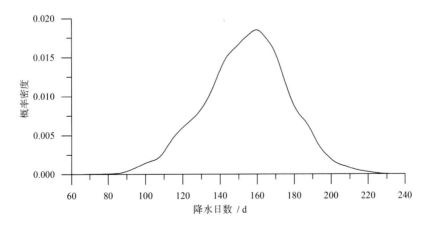

图 3-41　种植面积为 5~10 万亩的县（市、区）年降水日数概率密度分布图

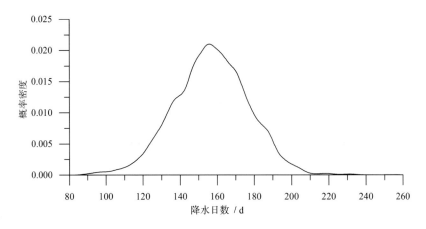

图 3-42　种植面积＞10 万亩的县（市、区）年降水日数概率密度分布图

（2）1 mm 以上降水日数

1981—2010 年我国油茶主产县（市、区）的日降水量≥1 mm 的年日数分布在 33～179 d 区间内，其中种植面积在 5 万亩以上的县（市、区）年日数分布在 44～176 d 区间内（表 3-21）。种植面积小的县（市、区）日降水量≥1 mm 的年日数概率密度分布图的峰点在平均值的左方，位于 97.8 d 附近；较小、较大、大的在右方，依次位于 107.1 d、112.4 d、114.3 d 附近。累积概率达 90％的最小日数区间依据种植面积从小到大依次为68.8～133.0 d、72.2～140.7 d、77.4～138.8 d、84.1～138.7 d，区间左端点值随种植面积的增大而增大，右端点值差异相对较小。

表 3-21　油茶不同种植面积县（市、区）1981—2010 年日降水量≥1 mm 的年日数统计指标

种植面积	有效样本	最低值/d	最高值/d	离散系数	偏度系数	峰度系数
≤1 万亩	6389	38	178	0.196	3.5	−3.2
1～5 万亩	3852	33	179	0.188	−7.9	8.2
5～10 万亩	2721	44	172	0.165	−4.2	0.8
＞10 万亩	4027	54	176	0.148	−3.4	2.5

（3）中雨以上降水日数

1981—2010 年我国油茶主产县（市、区）的日降水量≥10 mm（中雨以上降水）的年日数分布在 2～83 d 区间内，其中种植面积在 5 万亩以上的县（市、区）年日数分布在 11～81 d 区间内（表 3-22）。种植面积小、较大、大的县（市、区）中雨以上年日数概率密度分布图的峰点均在平均值的左方，依次在 35.5 d、41.4 d、44.1 d 附近；较小的在右方，位于 41.9 d 附近。累积概率达 90％的最小日数区间依据种植面积从小到大依次为18.5～56.9 d、21.6～62.3 d、24.7～62.6 d、27.7～60.9 d，区间左端点值随种植面积的增大而增大，右端点值差异相对较小。

表 3-22　油茶不同种植面积县（市、区）1981—2010 年中雨以上年日数统计指标

种植面积	有效样本	最低值/d	最高值/d	离散系数	偏度系数	峰度系数
≤1 万亩	6389	6	82	0.326	12.3	−3.8
1～5 万亩	3852	2	83	0.287	−2.5	1.2
5～10 万亩	2721	13	80	0.258	0.3	−1.7
＞10 万亩	4027	11	81	0.227	2.1	1.1

（4）大雨以上降水日数

1981—2010 年我国油茶主产县（市、区）的日降水量≥25 mm（大雨以上降水）的年日数分布在 0~46 d 区间内，其中种植面积在 5 万亩以上的县（市、区）年日数分布在 1~46 d 区间内（表 3-23）。种植面积小、较小、较大、大的县（市、区）大雨以上年日数概率密度分布图的峰点均在平均值的左方，分别位于 10.5 d、15.1 d、16.7 d、15.7 d 附近。累积概率达 90%的最小日数区间依据种植面积从小到大依次为 4.6~24.4 d、5.9~27.3 d、7.3~27.7 d、8.0~26.6 d，区间左、右端点值相差都不到 4 d。

表 3-23　油茶不同种植面积县（市、区）1981—2010 年大雨以上年日数统计指标

种植面积	有效样本	最低值/d	最高值/d	离散系数	偏度系数	峰度系数
≤1 万亩	6389	0	41	0.455	22.0	6.8
1~5 万亩	3852	0	39	0.393	8.1	2.4
5~10 万亩	2721	2	40	0.364	7.7	−0.4
>10 万亩	4027	1	46	0.339	12.2	6.2

（5）年最长连续降水日数

1981—2010 年我国油茶主产县（市、区）年最长连续降水日数分布在 3~64 d 区间内，其中种植面积在 5 万亩以上的县（市、区）年日数分布在 4~34 d 区间内（表 3-24）。从概率密度图（图 3-43~图 3-46）和表 3-24 可以看出，种植面积小、较小、较大、大的县（市、区）年最长连续降水日数概率密度分布图的峰点均在平均值的左方，分别位于 9.0 d、9.9 d、10.9 d、10.0 d 附近。累积概率达 90%的最小日数区间依据种植面积从小到大依次为 5.9~18.3 d、6.2~20.0 d、6.7~19.7 d、7.1~19.0 d，区间左、右端点值相差都不到 2 d。

表 3-24　油茶不同种植面积县（市、区）1981—2010 年年最长连续降水日数统计指标

种植面积	有效样本	最低值/d	最高值/d	离散系数	偏度系数	峰度系数
≤1 万亩	6389	3	54	0.366	54.1	102.4
1~5 万亩	3852	3	64	0.394	61.1	174.1
5~10 万亩	2721	4	34	0.324	20.5	16.5
>10 万亩	4027	5	33	0.298	26.4	23.8

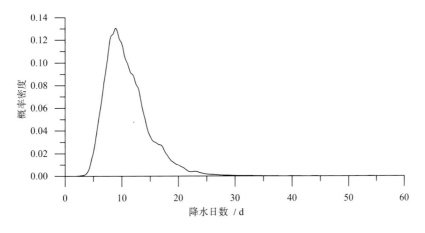

图 3-43　种植面积≤1 万亩的县（市、区）年最长连续降水日数概率密度分布图

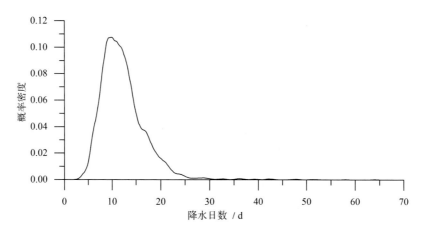

图 3-44 种植面积为 1~5 万亩的县（市、区）年最长连续降水日数概率密度分布图

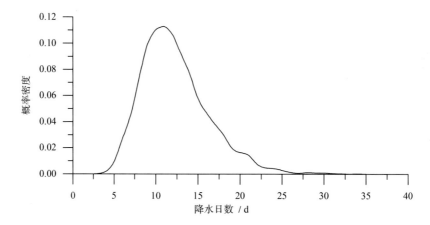

图 3-45 种植面积为 5~10 万亩的县（市、区）年最长连续降水日数概率密度分布图

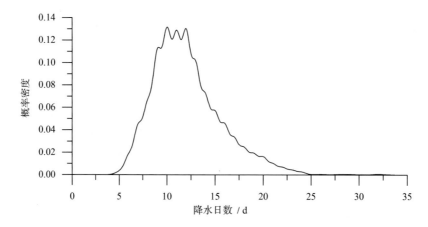

图 3-46 种植面积>10 万亩的县（市、区）年最长连续降水日数概率密度分布图

（6）年最长连续无降水日数

1981—2010 年我国油茶主产县（市、区）年最长连续无降水日数分布在 7～92 d 区间内，其中种植面积在 5 万亩以上的县（市、区）年日数分布在 7～92 d 区间内（表 3–25）。种植面积小、较小、较大、大的县（市、区）最长连续无降水日数概率密度分布图的峰点均在平均值的左方，分别位于 19.5 d、19.9 d、20.1 d、19.6 d 附近。累积概率达 90% 的最小日数区间依据种植面积从小到大依次为 11.9～40.7 d、12.1～38.4 d、12.5～40.4 d、12.6～36.1 d，区间左端点值相差不到 2 天，种植面积大的右端点值最小。

表 3–25 油茶不同种植面积县（市、区）1981—2010 年年最长连续无降水日数统计指标

种植面积	有效样本	最低值/d	最高值/d	离散系数	偏度系数	峰度系数
≤1 万亩	6389	7	90	0.394	46.7	58.8
1～5 万亩	3852	7	81	0.362	30.2	28.5
5～10 万亩	2721	7	92	0.372	27.6	31.8
>10 万亩	4027	8	92	0.334	32.1	42.5

3.5 日照

3.5.1 年日照时数

1981—2010 年我国油茶主产县（市、区）年日照时数分布在 591.5～2917.1 h 区间内，其中种植面积在 5 万亩以上的县（市、区）年日照时数分布在 713.7～2369.9 h 区间内（表 3–26）。从概率密度图（图 3–47～图 3–50）和表 3–26 可以看出，种植面积小、较小、较大的县（市、区）年日照时数概率密度分布图的峰点均在平均值的右方，分别位于 1721.2 h、1611.5 h、1598.0 h 附近；种植面积大的在左方，位于 1555.8 h 附近。累积概率达 90% 的最小日照时数区间依据种植面积从小到大依次为 1028.8～2257.4 h、1120.7～2020.6 h、1084.1～1999.1 h、1158.4～1885.9 h，区间左端点值有随种植面积的增大而增大的趋势，右端点值随种植面积的增大而减小。

表 3–26 油茶不同种植面积县（市、区）1981—2010 年年日照时数统计指标

种植面积	有效样本	最低值/h	最高值/h	离散系数	偏度系数	峰度系数
≤1 万亩	6399	591.5	2917.1	0.218	−0.8	−1.8
1～5 万亩	3901	764.1	2550.1	0.169	−2.5	0.3
5～10 万亩	2729	713.7	2326.4	0.169	−8.3	1.2
>10 万亩	4026	883.2	2369.9	0.143	0.4	2.1

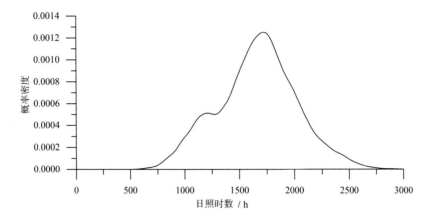

图 3-47　种植面积≤1 万亩的县（市、区）年日照时数概率密度分布图

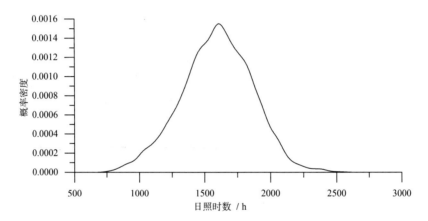

图 3-48　种植面积为 1～5 万亩的县（市、区）年日照时数概率密度分布图

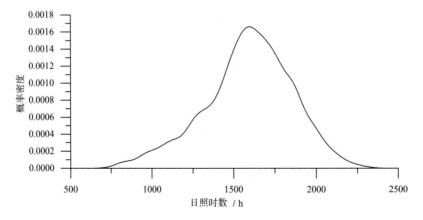

图 3-49　种植面积为 5～10 万亩的县（市、区）年日照时数概率密度分布图

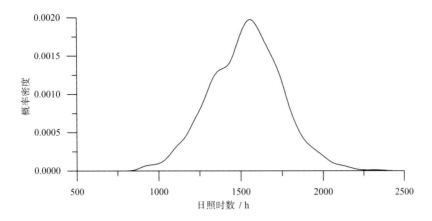

图 3-50 种植面积＞10 万亩的县（市、区）年日照时数概率密度分布图

3.5.2 日照日数

（1）年有日照日数

1981—2010 年我国油茶主产县（市、区）年有日照日数分布在 117～360 d 区间内，其中种植面积在 5 万亩以上的县（市、区）年日数分布在 140～318 d 区间内（表 3-27）。从概率密度图（图 3-51～图 3-54）和表 3-27 可以看出，种植面积小的县（市、区）年有日照日数概率密度分布图的峰点在平均值的左方，位于 257.4 d 附近；种植面积较小、较大、大的均在右方，分别位于 255.5 d、262.1 d、237.2 d 附近。累积概率达 90％的最小日数区间依据种植面积从小到大依次为 180.8～233.6 d、190.8～295.7 d、192.4～291.6 d、194.0～277.4 d，区间左端点值随种植面积的增大而增大，其中种植面积小的概率密度分布图在 233.6 d 附近存在一个次峰，右端点值为先增后减。

表 3-27　油茶不同种植面积县（市、区）1981—2010 年年有日照日数统计指标

种植面积	有效样本	最低值/d	最高值/d	离散系数	偏度系数	峰度系数
≤1 万亩	6399	117	360	0.169	4.3	−0.1
1～5 万亩	3901	138	358	0.129	−1.5	6.1
5～10 万亩	2729	140	317	0.12	−13.1	0.3
＞10 万亩	4026	163	318	0.105	−0.1	−3.4

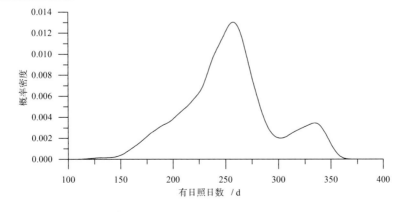

图 3-51　种植面积≤1 万亩的县（市、区）年有日照日数概率密度分布图

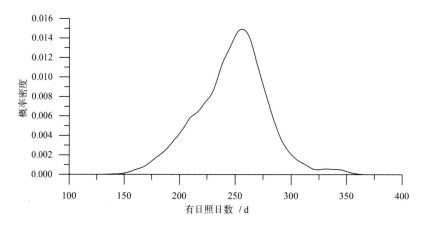

图 3-52　种植面积为 1~5 万亩的县（市、区）年有日照日数概率密度分布图

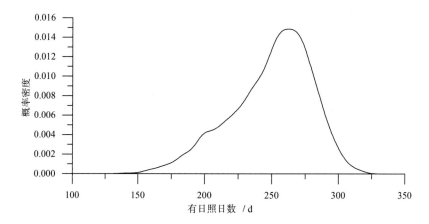

图 3-53　种植面积为 5~10 万亩的县（市、区）年有日照日数概率密度分布图

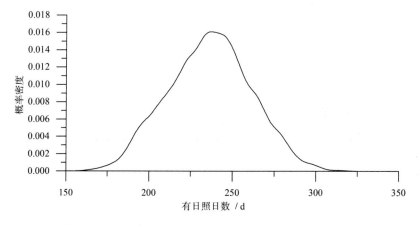

图 3-54　种植面积>10 万亩的县（市、区）年有日照日数概率密度分布图

（2）年最长连续无日照日数

1981—2010 年我国油茶主产县（市、区）年最长连续无日照日数分布在 1～92 d 区间内，其中种植面积在 5 万亩以上的县（市、区）年日数分布在 3～46 d 区间内（表 3-28）。种植面积小、较小、较大、大的县（市、区）年最长连续无日照日数概率密度分布图的峰点均在平均值的左方，分别位于 8.1 d、8.8 d、8.2 d、11.5 d 附近。累积概率达 90% 的最小日数区间依据种植面积从小到大依次为 3.6～19.1 d、5.3～19.7 d、5.5～19.5 d、6.4～21.6 d，区间左端点值随种植面积的增大而增大，右端点值有随种植面积的增大而增大的趋势。

表 3-28　油茶不同种植面积县（市、区）1981—2010 年年最长连续无日照日数统计指标

种植面积	有效样本	最低值/d	最高值/d	离散系数	偏度系数	峰度系数
≤1 万亩	6399	1	92	0.480	64.1	242.3
1～5 万亩	3898	2	48	0.410	35.1	51.9
5～10 万亩	2728	3	38	0.400	28.3	29.4
>10 万亩	4026	4	46	0.372	30.1	29.4

（3）年最长连续有日照日数

1981—2010 年我国油茶主产县（市、区）年最长连续有日照日数分布在 6～209 d 区间内，其中种植面积在 5 万亩以上的县（市、区）年日数分布在 9～124 d 区间内（表 3-29）。种植面积小、较小、较大、大的县（市、区）年最长连续有日照日数概率密度分布图的峰点均在平均值的左方，分别位于 25.1 d、21.2 d、25.1 d、25.0 d 附近。累积概率达 90% 的最小日数区间依据种植面积从小到大依次为 12.8～80.6 d、14.8～66.3 d、16.2～67.4 d、16.0～64.5 d，区间左端点值随种植面积的增大先增后减，右端点值有随种植面积的增大而减小的趋势。

表 3-29　油茶不同种植面积县（市、区）1981—2010 年年最长连续有日照日数统计指标

种植面积	有效样本	最低值/d	最高值/d	离散系数	偏度系数	峰度系数
≤1 万亩	6399	6	209	0.625	68.9	101.0
1～5 万亩	3898	8	205	0.489	48.1	96.8
5～10 万亩	2728	9	124	0.437	23.9	16.5
>10 万亩	4026	9	103	0.438	31.4	17.2

3.6　湿度

3.6.1　年平均相对湿度

1981—2010 年我国油茶主产县（市、区）年平均相对湿度分布在 58.6%～89.6% 区间内，其中种植面积在 5 万亩以上的县（市、区）年平均相对湿度分布在 63.4%～89.6% 区间内（表 3-30）。从概率密度图（图 3-55～图 3-58）和表 3-30 可以看出，种植面积小、较小、较大、大的县（市、区）年平均相对湿度概率密度分布图的峰点均在平均值的右方，分别位于 78.7%、80.4%、78.9%、80.0% 附近。累积概率达 90% 的年平均相对湿度区间依据种植面积从小到大依次为 68.9%～83.4%、71.9%～84.0%、72.4%～83.8%、72.3%～83.6%，区间左端点值有随种植面积的增大而增大的趋势，右端点值变化趋势不明显。

表 3-30　油茶不同种植面积县（市、区）1981—2010 年年平均相对湿度统计指标

种植面积	有效样本	最低值/%	最高值/%	离散系数	偏度系数	峰度系数
≤1 万亩	6409	58.6	89.0	0.057	−21.3	10.2
1~5 万亩	3903	63.5	88.7	0.046	−13.0	3.8
5~10 万亩	2730	65.5	88.6	0.043	−11.7	3.7
>10 万亩	4033	63.4	89.6	0.043	−20.3	12.1

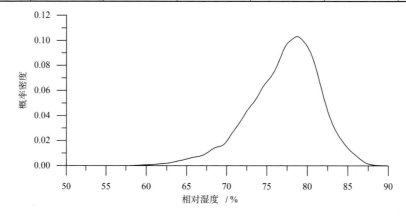

图 3-55　种植面积≤1 万亩的县（市、区）年平均相对湿度概率密度分布图

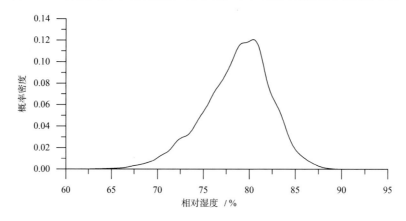

图 3-56　种植面积为 1~5 万亩的县（市、区）年平均相对湿度概率密度分布图

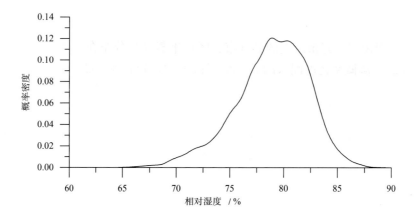

图 3-57　种植面积为 5~10 万亩的县（市、区）年平均相对湿度概率密度分布图

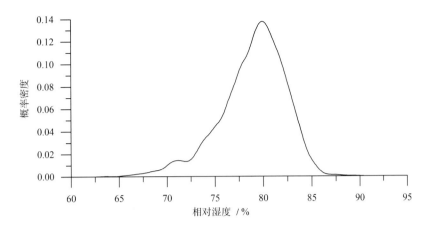

图 3-58 种植面积>10 万亩的县（市、区）年平均相对湿度概率密度分布图

3.6.2 年最小相对湿度

1981—2010 年我国油茶主产县（市、区）年最小相对湿度分布在 33.9％～75.4％区间内，其中种植面积在 5 万亩以上的县（市、区）年最小相对湿度分布在 41.5％～73.1％区间内（表 3-31）。种植面积小、较小、较大、大的县（市、区）年最小相对湿度概率密度分布图的峰点均在平均值的右方，分别位于 57.9％、57.7％、56.4％、57.3％附近。累积概率达 90％的最小相对湿度区间依据种植面积从小到大依次为 43.6％～63.4％、47.8％～63.1％、48.5％～62.4％、49.3％～63.0％，区间左端点值随种植面积的增大而增大，右端点值差异相对较小。

表 3-31 油茶不同种植面积县（市、区）1981—2010 年年最小相对湿度统计指标

种植面积	有效样本	最低值/％	最高值/％	离散系数	偏度系数	峰度系数
≤1 万亩	6385	33.9	75.4	0.112	−15.3	−2.8
1～5 万亩	3902	39.2	71.9	0.083	−4.9	1.2
5～10 万亩	2726	43.1	73.1	0.073	−6.3	−0.3
>10 万亩	4020	41.5	71.9	0.071	−8.5	3.4

3.7 年蒸发量

1981—2010 年我国油茶主产县（市、区）年蒸发量分布在 443.4～3591.5 mm 区间内，其中种植面积在 5 万亩以上的县（市、区）年蒸发量分布在 443.4～2299.1 mm 区间内（表 3-32）。从概率密度图（图 3-59～图 3-62）和表 3-32 可以看出，种植面积小、较小的县（市、区）年蒸发量概率密度分布图的峰点均在平均值的左方，较大、大的均在平均值右方，依次位于 1289.9 mm、1310.4 mm、1406.5 mm、1374.8 mm 附近。累积概率达 90％的年蒸发量区间依据种植面积从小到大依次为 831.6～1979.4 mm、836.0～1692.0 mm、864.0～1736.5 mm、843.0～1645.0 mm，区间左端点值随种植面积先增后减，右端点值总体为减小趋势。

表 3‐32   油茶不同种植面积县（市、区）1981—2010 年年蒸发量统计指标

种植面积	有效样本	最低值/mm	最高值/mm	离散系数	偏度系数	峰度系数
≤1万亩	6344	576.6	3591.5	0.263	33.0	42.4
1～5万亩	3880	527.7	2685.1	0.210	9.3	19.8
5～10万亩	2721	443.4	2052.6	0.197	−4.0	−2.8
>10万亩	3962	516.6	2299.1	0.183	−8.1	0.1

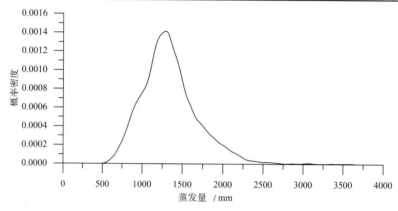

图 3‐59   种植面积≤1万亩的县（市、区）年蒸发量概率密度分布图

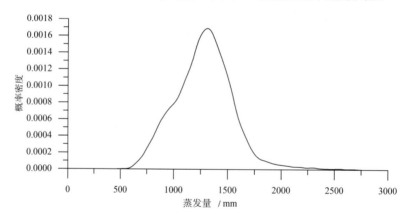

图 3‐60   种植面积为 1～5 万亩的县（市、区）年蒸发量概率密度分布图

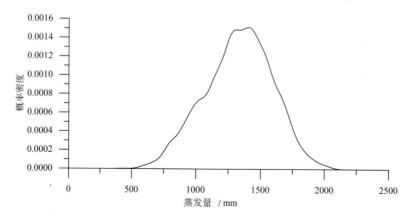

图 3‐61   种植面积为 5～10 万亩的县（市、区）年蒸发量概率密度分布图

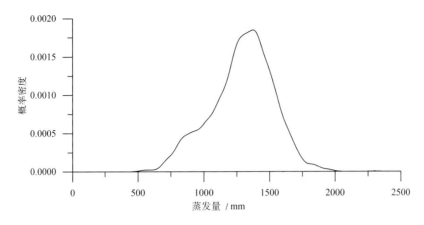

图 3-62　种植面积＞10 万亩的县（市、区）年蒸发量概率密度分布图

3.8　年平均风速

1981—2010 年我国油茶主产县（市、区）年平均风速分布在 0.1～6.5 m/s 区间内，其中种植面积在 5 万亩以上的县（市、区）年平均风速分布在 0.3～4.4 m/s 区间内（表 3-33）。从概率密度图（图 3-63～图 3-66）和表 3-33 可以看出，种植面积小、较小、较大、大的县（市、区）年平均风速概率密度分布图的峰点均在平均值的左方，依次位于 1.5 m/s、1.3 m/s、1.3 m/s、1.3 m/s 附近。累积概率达 90％的最小风速区间依据种植面积从小到大依次为 0.7～3.1 m/s、0.7～2.7 m/s、0.7～2.5 m/s、0.7～2.4 m/s，区间左端点值接近，右端点值随种植面积的增大而减小。

表 3-33　油茶不同种植面积县（市、区）1981—2010 年年平均风速统计指标

种植面积	有效样本	最低值/（m·s⁻¹)	最高值/（m·s⁻¹)	离散系数	偏度系数	峰度系数
≤1 万亩	6356	0.1	6.4	0.450	45.3	63.6
1～5 万亩	3822	0.2	6.5	0.450	51.1	111.7
5～10 万亩	2696	0.3	3.6	0.370	10.8	2.0
＞10 万亩	3916	0.3	4.4	0.350	23.3	23.9

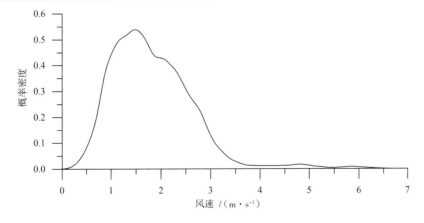

图 3-63　种植面积≤1 万亩的县（市、区）年平均风速概率密度分布图

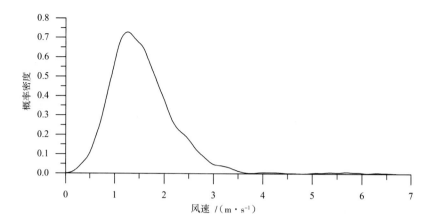

图 3-64　种植面积为 1~5 万亩的县（市、区）年平均风速概率密度分布图

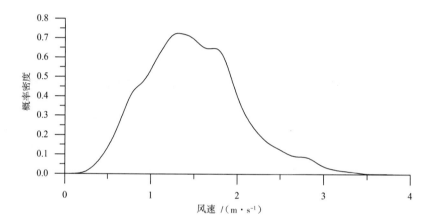

图 3-65　种植面积为 5~10 万亩的县（市、区）年平均风速概率密度分布图

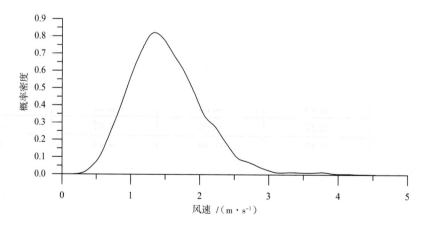

图 3-66　种植面积＞10 万亩的县（市、区）年平均风速概率密度分布图

3.9 极端天气

3.9.1 日降水量≥50 mm 日数

1981—2010 年我国油茶主产县（市、区）日降水量≥50 mm（暴雨以上）年日数分布在 0～20 d 区间内，其中种植面积在 5 万亩以上的县（市、区）年暴雨以上降水日数分布在 0～19 d 区间内（表 3-34）。分析表 3-34、表 3-35 可以得出，种植面积小、较小、较大、大的县（市、区），年暴雨日数分别为 2 d、3 d、4 d、3 d 的频率最高，在 1～4 d、2～6 d、2～6 d、2～6 d 区间内暴雨发生频率大于 10%。

表 3-34 油茶不同种植面积县（市、区）1981—2010 年年暴雨日数统计指标

种植面积	有效样本	最低值/d	最高值/d	离散系数	偏度系数	峰度系数
≤1 万亩	6389	0	20	0.747	38.9	33.5
1～5 万亩	3852	0	17	0.614	21.1	13.0
5～10 万亩	2721	0	19	0.592	17.3	9.4
>10 万亩	4027	0	18	0.595	26.2	20.0

表 3-35 油茶不同种植面积县（市、区）1981—2010 年年暴雨日数出现频率　　　单位：%

暴雨日数/d	≤1 万亩	1～5 万亩	5～10 万亩	>10 万亩
0	7.58	4.21	2.76	2.01
1	14.37	8.26	7.75	7.72
2	16.39	12.85	12.13	14.2
3	16.06	15.6	15.18	16.86
4	13.59	15.34	15.62	16.24
5	9.56	13.24	12.97	12.91
6	7.54	10.46	10.62	10.45
7	5.32	6.98	8.27	6.88
8	3.19	5.19	5.18	4.57
9	2.33	3.04	3.79	3.03
10	1.49	1.92	2.17	2.23
11	0.92	1.4	1.58	1.04
12	0.52	0.6	1.03	0.74
13	0.45	0.26	0.51	0.52
14	0.27	0.26	0.07	0.25
15	0.19	0.16	0.15	0
16	0.06	0.18	0.11	0.15
17	0.11	0.05	0.07	0.12
18	0.03	0	0	0.05
19	0	0	0.04	0
20	0.03	0	0	0

3.9.2 低温日数

（1）日最低气温≤0 ℃的年日数

1981—2010 年我国油茶主产县（市、区）日最低气温≤0 ℃的年日数分布在 0～127 d 区间内，其中种植面积在 5 万亩以上的县（市、区）日最低气温≤0 ℃的年日数分布在 0～88 d 区间内（表 3-36）。分析图 3-67、表 3-36 可以得出，种植面积小、较小、较大、大的县（市、区），日最低气温≤0 ℃的年日数离散度大，分布区间长，无 0 ℃以下低温出现的频率最大，其次分别为 1 d、2 d、1 d、6 d。

表 3-36　油茶不同种植面积县（市、区）1981—2010 年日最低气温≤0 ℃的年日数统计指标

种植面积	有效样本	最低值/d	最高值/d	离散系数	偏度系数	峰度系数
≤1 万亩	6421	0	97	1.118	41.5	18.8
1～5 万亩	3904	0	127	1.010	38.5	40.7
5～10 万亩	2730	0	71	1.085	29.8	17.7
>10 万亩	4033	0	88	0.970	46.8	59.4

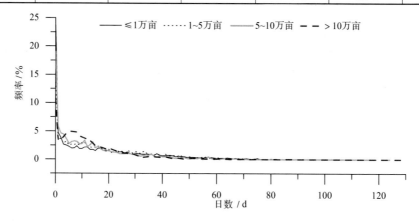

图 3-67　油茶不同种植面积县（市、区）1981—2010 年日最低气温≤0 ℃
的年日数在指定区间上的频率分布曲线

（2）日最低气温≤-4 ℃的年日数

1981—2010 年我国油茶主产县（市、区）日最低气温≤-4 ℃的年日数分布在 0～82 d 区间内，其中种植面积在 5 万亩以上的县（市、区）日最低气温≤-4 ℃的年日数分布在 0～41 d 区间内。种植面积小、较小、较大、大的县（市、区），日最低气温≤-4 ℃的年日数在 5 d 以内的累计频率分别达 88.3%、86.4%、92.8%、94.8%，无-4 ℃以下低温出现的频率分别达 64.0%、57.2%、69.2%、72.8%。

（3）日最低气温≤-7 ℃的年日数

1981—2010 年我国油茶主产县（市、区）日最低气温≤-7 ℃的年日数分布在 0～55 d 区间内，其中种植面积在 5 万亩以上的县（市、区）日最低气温≤-7 ℃的年日数分布在 0～18 d 区间内。种植面积小、较小、较大、大的县（市、区），日最低气温≤-7 ℃的年日数在 2 d 以内的累计频率分别达 96.6%、97.3%、98.6%、98.8%，无-7 ℃以下低温出现的频率分别达 89.8%、89.0%、93.6%、94.4%。

3.9.3 高温日数

（1）日最高气温≥35 ℃的年日数

1981—2010 年我国油茶主产县（市、区）日最高气温≥35 ℃的年日数分布在 0～136 d 区间内（表 3-37），其中种植面积在 5 万亩以上的县（市、区）年高温日数分布在 0～80 d 区间内，区间长度明显小于 5 万亩以下种植面积县（市、区）的高温日数区间长度。种植面积小、较小、较大、大的县（市、区）无高温日数出现的频率分别为 19.4%、14.3%、9.5%、3.1%。在高温日数 1～80 d 区间段上，随高温日数增多，1 万亩以上种植面积县（市、区）的高温发生频率（图 3-68）先呈增加趋势，在 20 d 左右超过种植面积在 1 万亩以下的县（市、区）的高温发生频率，到 30 d 左右时呈下降趋势。种植面积较大、大的县（市、区）分布在 0～136 d 区间上的频率占比集中在中部，5 万亩以下的在两端（表 3-37、图 3-69）。

表 3-37　油茶不同种植面积县（市、区）1981—2010 年日最高气温≥35℃的年日数统计指标

种植面积	有效样本	最低值/d	最高值/d	离散系数	偏度系数	峰度系数
≤1 万亩	6421	0	136	0.954	44.4	61.6
1～5 万亩	3904	0	132	0.817	26.2	30.8
5～10 万亩	2730	0	74	0.722	11.0	−2.7
>10 万亩	4033	0	80	0.552	3.8	−7.5

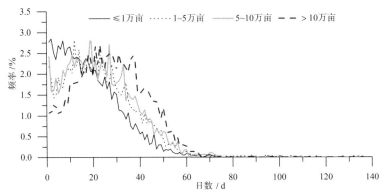

图 3-68　不同种植面积县（市、区）1981—2010 年日最高气温≥35 ℃
的年日数在指定区间上的频率分布曲线

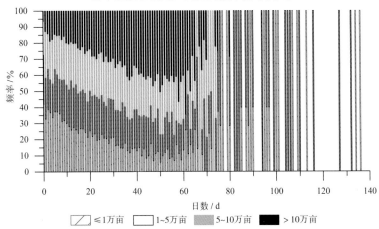

图 3-69　不同种植面积县（市、区）1981—2010 年日最高气温≥35 ℃
的年日数出现频率的百分比堆积柱状图

（2）日最高气温≥37 ℃的年日数

1981—2010年我国油茶主产县（市、区）日最高气温≥37 ℃的年日数分布在0～75 d区间内（表3-38），随种植面积的增大最高值减小，其中种植面积在5万亩以上的县（市、区）日最高气温≥37 ℃的年日数分布在0～55 d区间内。种植面积小、较小、较大、大的县（市、区）日最高气温≥37 ℃的年日数的频率分布特征同年高温日数，未出现日最高气温≥37 ℃的年日数的频率分别为46.4%、37.1%、32.7%、21.2%。在高温日数1～55 d的区间段上，随高温日数增多，高温发生频率均呈下降趋势（图3-70）。

表3-38 油茶不同种植面积县（市、区）1981—2010年日最高气温≥37 ℃的年日数统计指标

种植面积	有效样本	最低值/d	最高值/d	离散系数	偏度系数	峰度系数
≤1万亩	6421	0	75	1.680	96.3	210.3
1～5万亩	3904	0	75	1.480	65.9	123.8
5～10万亩	2730	0	55	1.370	48.6	79.5
>10万亩	4033	0	50	1.060	36.0	25.5

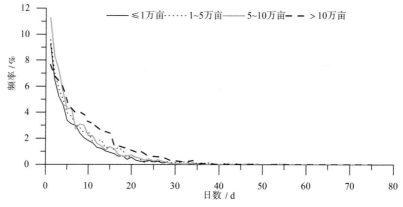

图3-70 不同种植面积县（市、区）1981—2010年日最高气温≥37 ℃
的年日数在指定区间上的频率分布曲线

（3）日最高气温≥39 ℃的年日数

1981—2010年我国油茶主产县（市、区）日最高气温≥39 ℃的年日数分布在0～34 d区间内（表3-39），随种植面积的增大最高值减小，其中种植面积在5万亩以上的县（市、区）日最高气温≥39 ℃的年日数分布在0～27 d区间内。种植面积小、较小、较大、大的县（市、区）日最高气温≥39 ℃的年日数的频率分布特征同年高温日数，未出现日最高气温≥39 ℃的年日数的频率分别为85.0%、82.2%、83.3%、73.4%。在高温日数1～27 d区间段上，随高温日数增多，高温发生频率均呈下降趋势（图3-71）。

表3-39 油茶不同种植面积县（市、区）1981—2010年日最高气温≥39 ℃的年日数统计指标

种植面积	有效样本	最低值/d	最高值/d	离散系数	偏度系数	峰度系数
≤1万亩	6421	0	28	3.730	209.9	889.7
1～5万亩	3904	0	34	3.570	159.6	650.6
5～10万亩	2730	0	27	3.690	163.8	876.8
>10万亩	4033	0	27	2.640	115.3	328.6

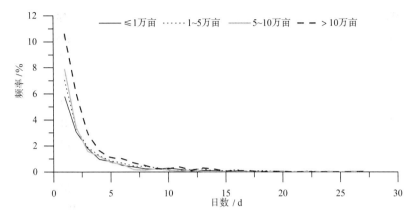

图 3‐71 不同种植面积县（市、区）1981—2010 年日最高气温≥39 ℃
的年日数在指定区间上的频率分布曲线

（4）日最高气温≥40 ℃的年日数

1981—2010 年我国油茶主产县（市、区）日最高气温≥40 ℃的年日数分布在 0～21 d
区间内（表 3‐40），随种植面积的增大最高值减小，其中种植面积在 5 万亩以上的县
（市、区）日最高气温≥40 ℃的年日数分布在 0～14 d 区间内。种植面积小、较小、较大、
大的县（市、区）日最高气温≥40 ℃的年日数的频率分布特征同年高温日数，未出现日最
高气温≥40 ℃的年日数的频率分别为 94.7％、93.6％、95.6％、92.3％。在高温日数 1～
3 d 区间段上，随高温日数增多，高温发生频率呈急剧下降趋势。

表 3‐40 油茶不同种植面积县（市、区）1981—2010 年日最高气温≥40 ℃的年日数统计指标

种植面积	有效样本	最低值/d	最高值/d	离散系数	偏度系数	峰度系数
≤1 万亩	6421	0	21	6.180	338.4	2299.9
1～5 万亩	3904	0	20	5.830	235.6	1332.2
5～10 万亩	2730	0	14	6.900	243.6	1700.1
>10 万亩	4033	0	14	4.900	201.7	992.4

3.9.4 积雪日数

1981—2010 年我国油茶主产县（市、区）年积雪日数分布在 0～67 d 区间内（表 3‐
41），随种植面积的增大最高值减小，其中种植面积在 5 万亩以上的县（市、区）年积雪
日数分布在 0～38 d 区间内。种植面积小、较小、较大、大的县（市、区）未出现积雪的
频率分别为 85.0％、82.2％、83.3％、73.4％。10 万亩以上种植面积县（市、区）的年
积雪日数出现在 1～10 d 区间段上的频率整体最大，较小种植面积的次之（图 3‐72）。

表 3‐41 油茶不同种植面积县（市、区）1981—2010 年年积雪日数统计指标

种植面积	有效样本	最低值/d	最高值/d	离散系数	偏度系数	峰度系数
≤1 万亩	6422	0	56	1.772	106.3	244.1
1～5 万亩	3904	0	67	1.678	104.9	336.4
5～10 万亩	2730	0	38	1.714	59.3	109.2
>10 万亩	4033	0	32	1.334	61.1	104.8

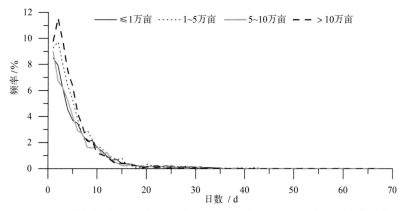

图 3-72 不同种植面积县（市、区）年积雪日数在指定区间上的频率分布曲线

4 油茶果实品质与气候

4.1 油茶产量与气候

4.1.1 文献摘录

油茶从春梢生长到果实成熟历时近两年,油茶的营养生长和生殖生长互相影响、交错,每个物候期的气象条件都会影响到油茶的生长发育,进而影响到油茶产量。

(1) 欧阳兆云[1]对油茶年生育周期各旬的光、温、水等气象条件和油茶产量进行相关统计分析,找出了影响广西德保县油茶产量形成的关键气象因素:

①气温。当年产量与上一年春梢迅速生长期(4月中旬—5月上旬)的平均气温呈负相关。油茶春梢在新梢中占98%以上,且绝大部分花芽在其上分化,是次年产量形成的基础。若此时期温度过高,果、梢生长不协调,必然互争营养物质。养分不足加重生理落果,春梢健壮生长亦受到影响(春梢长得慢,梢弱短而少)。若此时期低温适当,可抑制幼果生长,促使更多的营养物质供应春梢,为产量的形成打下坚实的基础。

当年产量与上一年盛花期(11月中旬—12月上旬)的平均气温呈正相关。若冷空气南下势力较强,初冬来得早,初霜出现亦早,不利于油茶树开花、授粉和受精。以昆虫为媒介的油茶花授粉中,异花授粉尤其是异株授粉成果率高,因此盛花期间若遇晴暖天气,温度高,则有利于油茶树林中各种昆虫的授粉活动,油茶成果率高。

②降水量。当年产量与上一年盛梢期(4月)降水量呈正相关。土壤水分支出大于收入导致缺水,不利于油茶春梢的迅速生长。同时,土壤水分过少导致油茶生理需水得不到保障,进而加重幼果生理脱落,从而造成当年或次年产量下降。

当年产量与上一年初花期(10月下旬—11月上旬)的降水量呈正相关。正值仲秋时期,充足的雨水为始花期、盛花期的油茶树提供了足够的土壤水分,为油茶授粉受精及胚胎正常发育、顺利越冬提供了良好的土壤水分条件,雨水越多,次年油茶产量就越高。

(2) 谭德权等[2]分析了气象条件对湖南省邵阳县油茶产量的影响,发现油茶花芽的分化数量和质量是影响油茶产量的直接原因,而气候条件中的温度和日照时数对油茶花芽分化的影响明显。花期天气条件晴朗、温暖、湿润,对油茶花蕾开放和昆虫授粉有利。油茶最适的发芽温度是14~20 ℃。气温在20 ℃时,花粉管的生长最快。油茶树花粉囊的开裂温度是15~25 ℃,如果低于8 ℃,花粉囊的开裂就会受到抑制。倘若盛花期雨水多,气温低,花粉囊不能正常开裂,花粉也就不能正常发芽和生长。

(3) 郭文扬等[3]根据1953—1983年油茶产量资料和气象资料,对浙江中部丘陵地区的油茶产量作了气候分析,发现影响油茶产量的主要气候因子有三个:

①花期低温。浙江中部油茶花期出现在10月—12月初,此时正值秋冬少雨时节,一般年份日照多、降水量和降水日数少、气温偏高,有利于油茶开花、授粉。若遇到长时间

阴雨寡照低温天气，花粉囊不能正常开裂，花粉无法正常发育，柱头黏液被雨水冲淡，昆虫活动也受到抑制，因而授粉、受精将受到严重影响。

②结果期温度。油茶花粉受精后至结果期，对低温抵抗能力比较弱。郭文扬等用大雪和小寒两个节气的平均气温之和代表冬季温度，与油茶年景进行相关分析发现，丰年冬季温度偏高，歉年冬季温度偏低。

③盛夏高温干旱。盛夏时节高温少雨、蒸发量大，油茶的耗水量猛增，这时果实体积增长快，以后转入重量增长和油脂转化阶段。油果增长和油脂转化需要较多降水，降水量少、气温高会造成果小油少，严重时还会引起落果，使油茶产量明显下降。

（4）康志雄等[4]采用灰色关联分析方法对浙江省金衢盆地1972—1982年油茶产量和17个气候因子进行分析。

①盛花期日照量。上一年11月日照量与油茶产量关系最为密切。其原因是，普通油茶的盛花期在11月，此时天气晴朗、日照充足，有利于开花、昆虫传粉及花朵受精，油茶坐果率高。

②花芽分化期蒸发量。上一年7—8月蒸发量对下一年油茶产量的影响也较大，油茶花芽分化从花芽原基出现到分化完全，这一时间段一般始于上一年的5月上旬，终于9月下旬，分化盛期在6—7月。该地夏季高温干旱，特别是7—8月蒸发量远大于降水量，这种干燥的气候条件使油茶的蒸腾作用加强，易引起油茶的生理干旱，必然也会影响花芽分化，从而影响下一年的产量。

③结果期温度和年日照量。1月平均温度和年日照量对油茶产量的影响也较大，说明1月气温过低对油茶子房膨大、幼果形成均会产生不良影响。油茶的生物学特性决定了进入结果期的油茶必须有充足的光照，因此年日照量的大小必然会对油茶产量产生较大的影响。

（5）简海燕[5]利用1993—2002年江西省宜春市气象观测资料和同期油茶产量数据，对袁州区的气候特征进行了分析，并得出以下结论。

①袁州区油茶（寒露籽类型）生长适宜的气候条件：年平均气温为14～21 ℃、最冷月（1月）平均气温≥0 ℃、极端最低气温≥−12 ℃、极端最高气温＜39 ℃、无霜期＞265 d、相对湿度为75％～85％、年平均降水量≥1000 mm（且四季分布较均匀）、年平均日照总时数为1400～2000 h。

②油茶生长关键期的气候条件：油茶春梢上花芽分化的多少关系到油茶产量的高低，但花芽的分化必须有适宜的气候条件。花芽分化盛期6—7月平均气温为27～29 ℃、日照时数平均为10 h，对花芽分化最为有利。花期（10—12月）气候条件对油茶产量的影响往往构成主导因素。气候干旱导致细胞水分不足，对油脂转化不利，进而使茶果先天不足而提早干落。果实膨大成熟期气温高、昼夜温差大、水分适宜、pH调节适当，这些气候条件有利于油脂转化。果实成熟期（9—10月）如遇5级以上的大风天气，果实会脱落。

（6）郭水连等[6]则发现与高产区比，江西省宜春市袁州区油茶产量存在不高且不稳的情况，进一步研究发现影响袁州区油茶产量的主要因素有：

①开花授粉期（10—12月）的长阴雨和低温影响开花授粉和花粉受精。花期天气晴朗、温暖、湿润，有利于花蕾开放和昆虫授粉。油茶开花的最适温度为16 ℃左右，且要求少雨；盛花期（11—12月）要求日平均气温≥10 ℃；油茶花粉的发芽、花粉管的生长、

花粉囊的开裂最适温度结论同谭德权等的研究结果。

②隆冬（1月）大雪、低温冷冻，有利于油茶高产（病虫害少）；早春（2月上旬—3月）霜冻，影响幼果、幼枝、幼苗生长。

③早春（2—3月）雨水多，影响坐果；3—6月雨水多，对油茶高产不利。

④春梢花芽分化期（6—7月）平均气温为27~29 ℃，日照平均时数为10 h，对花芽分化最为有利。

⑤大风、冰雹对油茶生产有害。

⑥7—8月高温干旱导致裂果、落果、果实膨大，以及含油率减少；7—9月日平均气温为20~25 ℃，总降水量为450~550 mm，有利于油脂的转化积累。

⑦9—10月干旱导致坐果率不高。

（7）黎素娟等[7]在群众经验调查的基础上，利用统计分析方法对广西凤山县油茶产量与油茶主要生育期的气象条件进行分析，发现霜冻日与次年油茶产量呈正相关。凤山县地处低纬度地带，最冷月（1月）的平均温度为10.1 ℃，油茶在这样的气候条件下不易遭受严霜冻害。相反，霜冻能冻死油茶寄生枝，使油茶能够得到更多的养分而获得高产。油茶喜欢温暖气候，凤山县3—5月日平均气温较高的年份，油茶产量也较高，反之产量较低。

（8）彭清莲等[8]利用江西省宜春市1972—1992年油茶产量数据，拟定油茶亩产≥3.5 kg为高产年，否则为欠产年，并对同时段6月、7月、11月、12月平均气温和11月、12月平均绝对湿度进行相关分析，发现气象条件可直接影响花芽分化率。当6—7月平均气温≥27 ℃时，翌年油茶产量较高，否则产量偏低。宜春历史资料中有10年6—7月平均气温≥27 ℃，油茶亩产都在3.5 kg以上。

（9）韦宏江等[9]利用广西凌云县1990—2009年的气象资料和相应年份的油茶产量数据，采用统计分析方法重点分析1月平均气温、7—9月降水量、10月日照时数及年温差等气象条件对油茶产量的影响，得出以下结论：1月平均气温为11~12 ℃时，油茶产量高，1月平均气温低于10 ℃时，油茶产量低；7月和9月降水量不小于历年同期平均值，8月降水量≤240 mm，则油茶产量当年是丰年或平年，反之当年为小年；10月日照时数>110 h的年份油茶产量较高；年温差越大的年份油茶产量越低，反之产量越高。

（10）林葆威等[10]根据浙江省丽水地区1953—1980年油茶产量数据和同时段气象资料，在对油茶产量去趋势处理的情况下，将其和油茶春梢生长期（3月下旬—5月上旬）、花芽分化期（6月—8月上旬）、开花期（10月下旬—12月）、结果期（12月底—翌年2月）和果实生长期（3月—10月）的光、温、水等气象条件进行相关分析，发现花期的低温霜冻对油茶开花授粉危害大。据对比观测和实验发现，最低气温为0 ℃时，花瓣开始有轻度冻害；温度为-4~-2 ℃时，油茶冻害严重，有的甚至冻死。此外，结果期长期低温冻害，特别是严重冰冻会使幼果受冻而脱落；春季回暖后，幼果内部生理活动逐渐增强，抗寒力随之降低，此期遇霜冻也会出现落果。

（11）庄瑞林等[11]在南方十省油茶产区选择43个点，每点面积20~30亩，用3~6年的平均每亩产油量作因变量，用1月平均气温、7月平均气温、月均温>15 ℃的月数、年平均气温、经度、纬度、海拔高度、有霜期和年降水量等13个因子作自变量，运用逐步回归分析方法筛选对油茶产量影响显著的因子。有如下发现：

①年降水量与油茶产量呈正比。年降水量在 2000 mm 以内，越多越好。营养生长期水分充足有助于油茶生长，结果期水分充足有利于糖的形成和物质的转化。6—9 月，月平均降水量在 200 mm 左右对油茶生长和油脂形成有利；9—10 月，月平均降水量在 100 mm 以上对油脂转化有利。

②1 月平均温度越高，油茶产量越高。油茶绝大多数在 1 月以前开花，但 1 月的低温对子房膨大、幼果形成都会产生不利的影响，因此，在幼果形成时，霜期日数越少越好。

③7 月平均温度越低，油茶产量越高。油茶花芽分化在 6—7 月，其最适温度为 25～30 ℃，温度过高会直接影响花芽分化。我国南方地区 7 月正值高温干旱季节，油茶的蒸腾作用强，易形成生理干旱，在果实迅速增长时会影响果实的生长和糖的形成，因此对油茶产量有很大的影响。

（12）陈水云等[12]利用广东省连南县多年气候资料，根据油茶生长适宜的环境条件，对连南县发展油茶产业的光、温、水等农业气候资源进行分析后有如下发现：春旱会加剧油茶落花落果；夏-秋连旱、高温缺水影响油茶果实增长和油脂转化，致使果实不饱满，造成减产降质；大风、冰雹会造成严重的落花落果，还会砸落、打烂叶片，刮折枝条，影响产量；油茶冬季开花，春季幼果形成，若冬季至春初温度下降到 0 ℃以下，会抑制油茶树开花授粉和幼果形成，严重时植物体内易发生冰冻，这将致使叶、枝梢、主干和根系受到伤害或死亡。

（13）黎丽[13]分析了江西省遂川县油茶生长的利弊气候条件，找出油茶生长的关键气候指标，并据此确定了油茶生长的气候分区指标。

①有利气候因素：5 月下旬—6 月中旬的旬平均气温为 24.4～26.2 ℃、旬降水量大于 60 mm、日照时数为 4～5 h，有利于花芽分化；5 月日平均气温为 21～24 ℃、旬降水量大于 60 mm、日照时数为 4～5 h，有利于幼果纵径增长；9 月下旬—10 月中旬，旬平均气温为 20～23 ℃、日照充足、气温日较差明显，有利于油茶的油脂转化；11 月上、中旬日平均气温为 14.1～16.8 ℃、昼夜温差为 8.2 ℃、日照充足、降水量少，天气晴朗，有利于油茶开花授粉。

②有弊气候因素：7 月（农历）干旱影响茶果体积的增长，8 月（农历）干旱影响油脂转化；霜冻主要影响油茶开花授粉和幼果着落（终霜），初霜来得早、终霜来得晚、霜期长不利于油茶产量的提高；大风会使油茶落果，特别是 7—9 月，此时正值果实横径增长末期，果实大而重，离层形成，若遇大风更容易脱落，如多于 3 次，将严重影响油茶产量。

（14）王道藩[14]把气候与油茶产量作对比分析，发现凡从盛花期到末花期，最低气温在-2.5 ℃以下，油茶减产 20%～40%；最低气温在-3.5 ℃以下，油茶减产 40%～90%。果实膨大和油脂转化期降水少于常年 50%以上，且先年花期日照时数小于 200 h 以下，油茶减产 20%～60%。

（15）许光耀等[15]基于福建省德化县 1981—2010 年的气温、降水、相对湿度及日照资料，分析了气候因子和主要气候灾害对油茶生长发育、产量的影响，有如下发现：

①温度。适宜油茶生长的年平均温度在 16 ℃以上，最适宜温度为 16～21 ℃；≥10 ℃的年活动积温在 4800 ℃以上，最适宜年活动积温为 5000～6000 ℃；冬季平均最低温度 0 ℃以上，极端最低温度-10 ℃以上；最热月平均气温为 31 ℃，8—9 月≥35 ℃的高温日数

<20 d，油茶花期要求平均温度为 10~20 ℃。油茶果实成熟期一般在每年的 10 月下旬—11 月上旬，油茶在结果成熟前期阶段对温度要求也较敏感，昼夜温差大，有利于油茶果实干物质积累，有利于油茶提高品质和产量。

不利因素：倒春寒天气会使油茶大量落果而造成减产，油茶在休眠或生长时期，当温度下降到 0 ℃以下，植物体内会发生冰冻，这致使叶、枝梢、主干、根系等受到伤害或死亡。春旱会加剧油茶落花落果。夏季至秋季初（一般指 7—9 月）出现高温干旱现象，对正值果实生长期和油脂转化期的油茶将产生不利影响，造成果实不饱满、含油量低以及产量、品质下降。

②水分。水分直接参与油茶碳同化作用，有利于脂肪酶的活动，从而促进油脂形成，所以一般要求年降水量为 1000~1800 mm，年降水日数达 100 d 以上。油茶怕干，最适宜的相对湿度在 74%~85%；花期（10—12 月）平均相对湿度为 75% 对油茶的开花授粉非常有利。

③光照。油茶是喜温喜光植物，一般油茶高产光照条件要求年日照时数在 1500 h 以上，日照百分率在 35% 以上；油茶花芽分化期要求平均日照时数在 5 h 以上，开花期和育果期要求平均日照时数在 4 h 以上。

（16）张小石等[16]分析了主要气候因子对广东省丰顺县油茶种植的气候适应性，发现丰顺县降水的分布不均造成油茶树涝渍灾害严重。4—6 月是丰顺县油茶产区的梅雨季节，降水频繁，林间相继出现许多新病株、新病叶。较为集中的降水导致土壤微生物和根系处于缺氧状态，造成根部腐烂，严重时可导致油茶树整株死亡。丰顺县春旱发生频率较高，春旱发生时水分不能满足油茶树生长发育需要，展叶抽梢推迟，油茶坐果率受到影响。

（17）韦金霖[17]通过对隆林县油茶生产过程中的气象条件进行分析，得出隆林县春旱会加剧油茶落花落果；7—9 月高温干旱不利于茶果形成或形成不饱满，导致产量下降，品质变劣；9—12 月油茶正处开花授粉阶段，如出现低温冰冻天气，则造成油茶大量落花落果而减少。暴雨不仅使油茶林表土和肥料受冲刷而流失，还造成油茶花果干瘪、腐烂、脱落，导致减产。冰雹天气多出现在 4 月中旬—6 月上旬，这时期正是油茶新梢生长、幼果形成生长关键时期，若遇冰雹天气，冰雹会砸烂新梢和幼果，导致减产。

（18）余会康[18]根据 1994—2011 年闽东气候和油茶资料，分析了闽东福安、福鼎、寿宁和柘荣 4 个主要油茶生产县（市）影响油茶产量的主要气候因子。

①对福安油茶产量影响显著的气候因子有：8 月平均气温、上年 11 月降水量、4 月平均气温、8 月日照时数、10 月降水日数。其中 8 月平均气温与油茶产量呈最大负相关（相关系数为−0.757），7—9 月的高温是影响油茶丰歉的重要气候指标，其次是上年 11 月降水量（负相关）、10 月降水日数（负相关）、4 月平均气温（负相关）、8 月日照时数（正相关）。

②对福鼎油茶产量影响显著的气候因子有：1 月日照时数、1 月低温（≤5 ℃）日数、2 月平均气温、2 月极端最低气温、2 月低温（≤5 ℃）日数。其中 1 月低温（≤5 ℃）日数与油茶产量相关系数（0.745）最大，其次是 2 月极端最低气温、2 月平均气温、2 月低温（≤5 ℃）日数。

③对寿宁油茶产量影响显著的气候因子有：上年 12 月平均气温、上年 12 月极端最低气温、上年 11 月降水日数。其中上年 11 月降水日数与油茶产量相关系数最大（负相关，

相关系数为−0.60），其次是上年 12 月平均气温、上年 12 月极端最低气温。

④对柘荣油茶产量影响显著的气候因子有：6 月日照时数、8 月降水量、上年 11 月极端最低气温、上年 12 月平均气温、上年 12 月日照时数、上年 12 月极端最低气温、上年 12 月低温（≤5 ℃）日数。其中上年 12 月日照时数与油茶产量相关系数最大（−0.785），其次是上年 12 月低温（≤5 ℃）日数、上年 12 月极端最低气温、上年 12 月平均气温、上年 11 月极端最低气温、8 月降水量、6 月日照时数。

（19）吴丽等[19]对影响油茶产量的关键生育期及气候因子进行了重点阐述。

①春梢生长期。气温和降水量对春梢生长发育的影响较明显。气温稳定在 10 ℃以上时，春梢开始萌动，20 ℃时生长最快；低温抑制幼果生长，有利于春梢生长；高温、降水不足会造成油茶幼果与春梢互争营养物质，影响当年或翌年产量。

②花芽分化期。花芽分化期适宜的气候条件是光照充足、气温低、雨水多。花芽分化盛期的 6—7 月，气温为 27~33 ℃、平均日照时数为 11 h，对花芽分化最有利。

③开花授粉期。低温阴雨影响花粉的正常开裂，花粉不能正常发芽，这导致油茶授粉受精不良（一般在油茶盛花期，降水日数在三分之一左右时，油茶花大多能正常授粉结果；降水日数超过 50% 时，对授粉结果不利，阴雨天特别是连阴雨天的自然授粉坐果率仅 0.91%~6.96%）。同时，大分舌蜂和各类地蜂在气温 15 ℃左右的条件下才活动频繁，访花授粉，这时可提高油茶授粉受精效率。开花期的平均气温与油茶产量呈正相关，气温越高越有利于油茶虫媒授粉，晴天成果率比雨天高 4 倍左右。

④果实生长期。温度、降水量等与果实生长速度密切相关，油茶膨大需要大量的水分，水分供应充足，果实生长才迅速。7—9 月平均气温达到 30 ℃，降水总量达 450~550 mm 时，油茶果实生长最快。

⑤油脂转化期。油脂的形成和积累主要在 8—9 月，温度和降水量是重要影响因子。雨水充足则同化作用活跃，有利于脂肪酶的活动，促进油脂形成；低温有利于油脂合成；昼夜温差大，种子出油率高。

4.1.2 湖南油茶产量与气候

4.1.2.1 油茶鲜果产量与气候因子的关联性

挑选挂果已处稳定期并有 5 年测产数据的 24 个油茶测产点的鲜果产量数据进行标准化处理，同时将对应测产点所在县（市、区）的气候指标数据进行标准化处理，然后采用统计相关分析法分析湖南气候与油茶产量的关系。

（1）总体相关性

①各物候期与鲜果产量最相关的气候因子［相关系数绝对值最大，且通过显著性检验（$a=0.05$）］依序为开花期的日平均气温≥5 ℃积温（相关系数为 0.4254）、春梢萌动期的最长连续降水日数（−0.4215）、果实第一次膨大期的平均气温日较差（−0.3841）、果实膨大高峰期的极端最高气温（−0.3821）、果实成熟期的有日照日数（0.3754）、油脂转化和积累高峰期的极端最高气温（−0.3597）、花芽分化前期的平均最低气温（−0.2713）、夏梢生长期的日最高气温≥37 ℃日数（−0.2635）、花芽成熟期的极端最低气温（−0.2435）、花芽现形期的最长连续降水日数（−0.2379）、春梢生长期的极端最低气温（0.2026）（图 4-1），可见影响湖南油茶产量的主要气候因子是气温，除开花期、春梢生

长期外，其他时间段气温偏高对油茶产量产生的是不利影响；降水基本能满足湖南油茶生长的需求，春季连阴雨天气对油茶产量形成会产生不利影响；果实成熟期多光照对产量有利；果实第一次膨大期日较差偏大对产量形成不利。

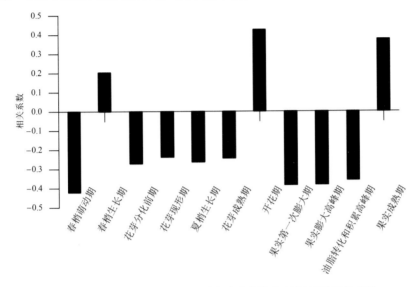

图 4-1　与油茶鲜果产量最相关的各物候期气候因子及相关系数

注：图中只标注物候期，气候因子详见正文。

②统计各物候期气候指标与油茶产量相关性通过显著性检验（$a=0.05$）的指标数得出，春梢萌动期和开花期通过显著性检验（$a=0.05$）的指标数最多，其后依次是果实第一次膨大期、果实膨大高峰期、果实成熟期、油脂转化和积累高峰期、花芽分化前期、夏梢生长期、春梢生长期、花芽成熟期、花芽现形期。分别统计各物候期气候指标与油茶产量相关系数≥0.2、≥0.3、≥0.4的指标数（图 4-2）得出，高相关指标数多在春梢萌动期、开花期和果实成熟期。

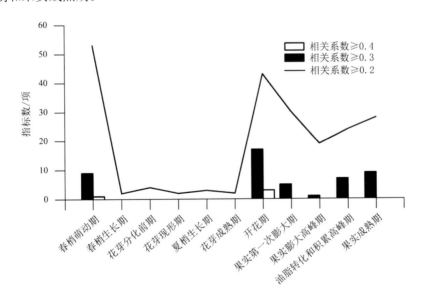

图 4-2　各物候期相关系数≥0.2、≥0.3、≥0.4的指标数

（2）各物候期气候因子与油茶产量的相关性

①春梢萌动期与产量相关性最好且排名前5的气候因子有：最长连续降水日数（−0.4215）、降水量（−0.3784）、降水日数（−0.3667）、中雨以上降水日数（−0.3243）、大雨以上降水日数（−0.3125），由此看出，春梢萌动期影响湖南油茶产量的主要因子是降水，降水日多、降水量多均会对湖南油茶产量产生不利影响。

②春梢生长期与产量相关性最好且排名前5的气候因子有：极端最低气温（0.2026）、无霜日数（0.1813）、5 cm土壤温度（−0.1761）、日平均气温≥20 ℃积温（−0.1753）、10 cm土壤温度（−0.1473），可以看出，春梢生长期气象条件对产量形成的影响主要是低温冻害，温度偏高也会产生不利影响，但其与产量总体相关性在所有物候期中是最低的。

③花芽分化前期与产量相关性最好且排名前5的气候因子有：平均最低气温（−0.2713）、5 cm土壤温度（−0.2012）、日平均气温≥15 ℃积温（−0.1973）、10 cm土壤温度（−0.1826）、日平均气温≥0 ℃积温（−0.1742），该期间气象条件与产量的相关性高于春梢生长期，主要影响因子是温度，温度过高对产量会产生不利影响。

④花芽现形期与产量相关性最好且排名前5的气候因子有：最长连续降水日数（−0.238）、最长连续无日照日数（−0.1911）、降水日数（−0.1664）、平均相对湿度（−0.1549）、日降水量≥1 mm的日数（−0.1549），说明该阶段降水是主要的影响因子，低温连阴雨、湿度过大均会对产量产生不利影响。

⑤夏梢生长期与产量相关性最好且排名前5的气候因子有：日最高气温≥37 ℃日数（−0.263）、极端最高气温（−0.2448）、最长连续无日照日数（−0.2319）、最长连续有日照日数（0.1844）、日最高气温≥39 ℃日数（−0.1797），可见该期间对产量有不利影响的主要气候因子是高温，其次是寡照。

⑥花芽成熟期与产量相关性最好且排位前5的气候因子有：极端最低气温（−0.244）、极端最高气温（0.2052）、日平均气温≥15 ℃积温（−0.1696）、日平均气温≥20 ℃积温（−0.1655）、平均最低气温（−0.1530），可见该期间低温、积温与油茶产量均呈负相关关系。

⑦开花期与产量相关性最好且排位前5的气候因子有：日平均气温≥5 ℃积温（0.4254）、平均气温（0.4141）、日平均气温≥0 ℃积温（0.4141）、降水日数（−0.3841）、日平均气温≥10 ℃积温（0.3821），说明该期间温度是油茶产量形成的关键因子，降水日数也会对产量产生重要影响。

⑧果实第一次膨大期与产量相关性最好且排位前5的气候因子有：气温日较差（−0.3841）、最小相对湿度（0.3661）、日照时数（−0.3519）、极端最低气温（0.3030）、平均相对湿度（0.2976），可见该期间对产量形成的影响因素较多，依次有气温日较差、湿度、日照、气温，气温日较差小、湿度大、日照少、极端最低气温高有利于产量形成。

⑨果实膨大高峰期与产量相关性最好且排位前5的气候因子有：极端最高气温（−0.382）、日最高气温≥39 ℃日数（−0.2829）、极端最低气温（0.2736）、日最高气温≥35 ℃日数（−0.2654）、平均最低气温（−0.2293），可见该阶段影响油茶产量的主要因子是高温，但极端最低气温也不能太低。

⑩油脂转化和积累高峰期与产量相关性最好且排位前5的气候因子有：极端最高气温（−0.3597）、日最高气温≥35 ℃日数（−0.3592）、日最高气温≥37 ℃日数（−0.3400）、

有日照日数（0.3212）、最长连续无日照日数（-0.2866），可见该阶段影响油茶产量的主要气候因子是高温，日照是重要的影响因子。

⑪果实成熟期与产量相关性最好且排名前5的气候因子有：有日照日数（0.3754）、气温日较差（0.3691）、平均最高气温（0.3648）、最长连续无日照日数（-0.3597）、最小相对湿度（-0.3557），可见该期间光照多、气温日较差大、气温高、湿度大对产量有利。

（3）影响油茶产量的关键物候期

统计基于各物候期气候指标运用3种方法（逐步回归、分类与回归树算法、卡方自动交互检验）建立的油茶气象产量模型质量（平均相对误差及平均趋势准确率），结果见图4-3。可以看出，基于春梢生长期、花芽分化前期、花芽现形期、夏梢生长期、花芽成熟期、果实膨大高峰期气候指标建立的气象产量模型质量明显低于（平均相对误差高、平均趋势准确率低）基于其他物候期气候指标建立的气象产量模型质量。结合各物候期气候因子与油茶产量的相关性，可以得出，湖南油茶产量受气候条件影响大的物候期主要有：果实成熟期、开花期、油脂转化和积累高峰期、春梢萌动期、果实第一次膨大期、果实膨大高峰期。

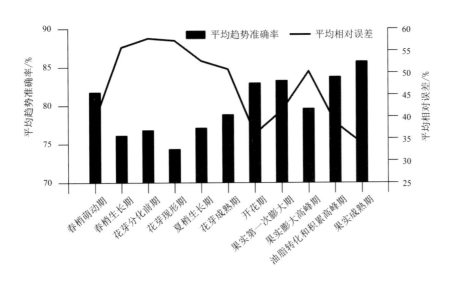

图4-3 24个测产点3种方法的气象产量模型质量

4.1.2.2 影响油茶产量的关键气候指标

基于相关分析、产量趋势分析、产量气象模拟等，得到的影响油茶的关键气候指标[20]见表4-1。

表4-1 影响油茶产量的关键气候指标

关键物候期	关键气候指标	物候期时段		物候期关键时段	
		低产条件	高产条件	低产条件	高产条件
开花期	平均最高气温/℃	≤15.2	≥17.2	≤14.9	≥18
	有日照日数/d	≤41.9	≥57.4	≤25.9	≥36.6
	日最低气温≤0 ℃日数/d	≥5	≤2		
	冰冻日数/d	≥4	≤0		
	降水日数/d	≥41	≤27	≥34	≤14

续表

关键物候期	关键气候指标	物候期时段		物候期关键时段	
		低产条件	高产条件	低产条件	高产条件
果实第一次膨大期	平均气温日较差/℃	≥8.3	≤6.2		
	平均最高气温/℃			≥18.3	≤15.1
	降水日数/d	≤34	≥40		
油脂转化和积累高峰期	平均最低气温/℃			≥19.1	≤16.2
	日平均气温≥15℃积温/（℃·d）	≥1951.9	≤1835.2		
	日最高气温≥35℃日数/d	≥13	≤6		
果实成熟期	平均最低气温/℃			≥16.9	≤14
	最长连续无日照日数/d	≥6.3	≤4.9	≥6	≤2
	平均气温日较差/℃			≤6.1	≥10.2
春梢萌动期	最长连续降水日数/d	≥10	≤4		
	累积降水量/mm	≥124	≤43.3	≥114.3	≤28.2
	无日照日数/d			≥14	≥9
果实膨大高峰期	平均最高气温/℃	≤31.8	≥33.5	≤29.7	≥32.4
	日平均气温≥0℃积温/（℃·d）			≤860	≥926.1
	日最高气温≥35℃日数/d	≥24	≤19	≥7	≤2
	平均气温日较差/℃	≤7.9	≥8.5	≤7.1	≥7.9
	平均相对湿度/%	≥78.4	≤71.9		
花芽成熟期	日平均气温≥0℃积温/（℃·d）	≥865.5	≤796.2	≥738.3	≤711.4
	平均最高气温/℃	≥27.9	≤25.6	≥29	≤25.9

4.2 油茶籽含油率与气候

4.2.1 文献摘录

（1）余会康[18]根据油茶气候资源评估模式，建立了闽东9县（市、区）常年（1981—2010年）油茶油脂积累转化关键期（7—9月）主要气候因子（温度、光照、降水）与油茶含油率关系模式，分析了气候因子对油茶含油率所起作用和影响。通过分析表明，气候因子对油茶含油率变化影响大，主要的影响因子是7—9月的平均气温、降水量和日照。

①气温。油茶油脂的组成在量（含油率）和质（碘价）上向含油率提高和不饱和脂肪酸增加的方向变化主要取决于温度。气温升高，不利于油茶果实迅速膨大和油脂的转化积累，油茶会出现果壳、种皮增厚，种仁减轻，含油率下降，长壳增皮不增油的现象。从普通油茶含油率与果实迅速生长期和油脂转化积累期（7—9月）气温的关系来看，气温与油茶含油率呈负相关，即油茶含油率随着气温升高而下降。沿海县（市、区）7—9月气温明显比山区县（市、区）高，因此油茶含油率也明显比山区县（市、区）低；沿海县（市、区）之间平均气温相差不大，油茶含油率相近；山区县（市、区）之间平均气温差别大，油茶含油率相差也大。闽东各县（市、区）常年7—9月随平均气温升高、高温日数增加，油茶含油率下降，沿海与山区明显对比也说明了这一点。

②关键生育期降水量。油茶含油率与关键生育期7—9月降水量呈显著性正相关，降

水量多含油率就高。从闽东各县（市、区）7—9月降水量和9月降水量对油茶含油率的影响来看，油茶含油率在7—9月关键生长期随降水量增加而升高（沿海与山区差别不明显）。但是降水量过多，光照不足，也影响油脂的转化与积累，不利于油茶含油率提高，因此降水量要在适量范围内。据研究，7—9月总降水量和9月降水量分别在450～500 mm和120～200 mm时，油茶含油率为48％～56％；7—9月总降水量和9月降水量分别在250～300 mm和60～70 mm时，油茶含油率均在40％以下。闽东各县（市、区）两时段降水量分别为392.7～840.9 mm和115.8～243.6 mm，符合上述条件，因此油茶含油率都在48％以上。部分县（市、区）7—9月降水量大主要是由台风造成的，否则夏季没有充足降水，就会显著影响到油茶含油率。

③日照时数。除了日照下光合作用外，太阳辐射中的红橙光有利于脂肪和碳水化合物的形成，而散射光中多红橙光，在多散射光条件下，油料作物的含油率和不饱和脂肪酸含量提高。油茶含油率与关键生育期（8—9月）日平均日照时数呈负相关，即日照时数越多，越不利于油茶含油率提高。油茶在油脂转化积累期日照时数相对较少，在日照百分率相对较低的条件下，多散射光有利于油脂的转化积累和提高含油率。从闽东各县（市、区）常年8—9月日平均日照时数与油茶含油率的关系分析，沿海县（市、区）日照时数明显比山区县（市、区）多。古田日照时数接近沿海县（市、区），油茶含油率反而低，也很好地印证了这一点。

（2）吴丽等[19]对油茶含油率与气候因子的关系进行了重点阐述：温度与普通油茶含油率呈负相关，相对低温，特别是昼夜温差大，可以加快油茶生理活动，促进糖分和脂肪的转化积累；油茶油脂转化关键生育期的降水量与油茶含油率呈正相关；油茶含油率与光照关系密切，足够的光照才能满足油茶不断交替的营养生长和生殖生长的需求，否则，油茶只有营养生长，结果量少，果实含油率低；太阳辐射中的红橙光有利于脂肪和碳水化合物的形成，从而使油料作物的含油率增加。

（3）左继林等[20]分析了油茶赣无1优良无性系连续3年的经济性状的变化规律，并运用典型相关分析研究了其与气候因子的相关性。

①赣无1油茶优良无性系8月初—10月下旬的气候因子与经济性状的相关性主要表现在日均气温、日最高气温、日最低气温与出干籽率、鲜果含油率及干籽含油率之间。其中，2004年及2005年鲜果含油率与日均气温、日最高及最低气温呈反向趋势；干籽含油率与日最高气温、日均气温呈正向趋势，与日最低气温呈反向趋势；2006年鲜果含油率与日最低气温及日照时数呈反向趋势，干籽含油率与日均气温呈反向趋势，但干籽含油率与日照时数及最低气温、鲜果含油率与日均气温均呈正向趋势。

②赣无1油茶鲜出籽率在各年度间及同一年度不同考种时间段间差异不显著，其鲜出籽率在不同年度与不同时间段表现稳定，而出干籽率、鲜果含油率及干籽含油率在同一年度不同考种时间段差异显著。其中出干籽率、鲜果含油率及干籽含油率在不同年度间还表现出极显著差异，因此赣无1油茶优良无性系的干出籽率、鲜果含油率及干籽含油率在不同年度与时间段间受气候因子影响变化较大。

（4）曹俊仪等[21]利用广西三江县榨油厂历年出油率资料，结合三江县的气象记录进行相关分析，探讨了油茶出油率与气候条件的关系，发现7—9月的温度、湿度对油茶产量及出油率影响极大，这段时间降水量不足是油茶产量大、小年及含油量波动的主要原因，若能改善这段时间的水分条件，对缩小大、小年的差距及提高茶籽出油率，可达到预期效果。从三江县历年油茶产量及出油率的变化看，其趋势相似，出油率低的年份，大多是产量较低的年份，可以认为油茶籽含油量的高低，气候条件起着重要的作用。

（5）黎章矩等[22]以资料保存完整的常山林场和浙江省南湖林场 1969—1982 年每年 7 月中旬—9 月下旬油茶果实发育关键时期 70 d 中的降水量、蒸发量、日照时数、降水日数、干燥系数、8—9 月积温、油茶果实或茶籽产量与干籽含油率数据为材料进行多元回归分析，发现种子含油率与降水量、蒸发量、干燥系数、日照时数等气候因子之间关系不密切，而与茶籽产量呈极显著负相关。南湖林场茶籽出油率还与 8—9 月积温呈显著负相关，这与一般油料作物在油脂积累期要求较低气温和较大昼夜温差的结论是一致的。

4.2.2 湖南油茶鲜果含油率与气候

4.2.2.1 相关性分析

（1）基于皮尔逊相关系数的油茶鲜果含油率与气候因子的相关性

计算 124 个油茶鲜果含油率样本数据与各气候指标数据间的相关系数，通过显著性检验（$a=0.05$）的气候指标个数占总指标个数的 24.6%，通过显著性检验（$a=0.01$）的指标个数占总指标个数的 13.7%。计算得出的油茶果油脂形成各阶段与鲜果含油率相关性最大的气候指标依次为：年极端最高气温（相关系数为 -0.406）、果实膨大高峰期的日最高气温 ≥ 37 ℃的日数（相关系数为 -0.397）、果实成熟期的最长连续无降水日数（相关系数为 0.370）、油脂转化和积累高峰期的极端最高气温（相关系数为 -0.366）、果实第一次膨大期的平均最小相对湿度（相关系数为 0.282）（图 4-4）。

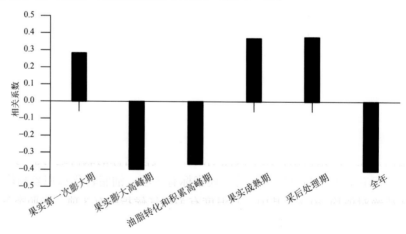

图 4-4　各时间段相关性最高的气候因子及相关系数

注：图中只标注物候期，气候因子详见正文。

分析油茶果油脂形成期不同时间段与鲜果含油率的相关系数排在前 5 位的气候指标得出，鲜果含油率与年气候指标的相关性最好，其与鲜果含油率的相关系数绝对值均在 0.3 以上，鲜果含油率与 3 项有关温度的气候指标均呈负相关，与冰冻气候指标均呈负相关，与降水气候指标均呈正相关；其次是油脂转化和积累高峰期的气候指标，鲜果含油率与此时段各气候指标的相关系数绝对值也都在 0.3 以上；其后依序为果实膨大高峰期、果实成熟期、果实第一次膨大期的气候指标。

综上所述，油茶鲜果含油率与气候条件密切相关，温度是最主要的影响因子。按气候指标与鲜果含油率的相关系数的高低排序，油茶果油脂形成不同阶段的气候指标依次为：年气候指标，油脂转化和积累高峰期的气候指标，果实膨大高峰期及果实成熟期的气候指标。

（2）基于主成分分析的油茶鲜果含油率与气候因子的相关性分析

基于 124 个油茶鲜果含油率样本数据与各气候指标数据进行主成分分析，得出第 3 主成分的油茶鲜果含油率载荷绝对值最大（载荷值为 -0.350），其次为第 5 主成分（0.323），其余主成分的鲜果含油率载荷绝对值均小于 0.3。因此，选择上述 2 个鲜果含油率载荷绝对值≥0.3 的主成分，分析油茶果油脂形成各时段气候指标的最大（最小）载荷值（为让载荷值所代表的含义更明确，约定每个主成分各时段气候指标载荷值与油茶鲜果含油率同号时取正值、异号时取负值，分别代表正关联和负关联，下同）得出：果实成熟期的无日照日数载荷绝对值最大（-0.801），其后依序为年极端最高气温（-0.777）、油脂转化和积累高峰期的极端最高气温（-0.775）、果实膨大高峰期的极端最高气温（-0.743）、果实第一次膨大期的日照时数（0.593）。

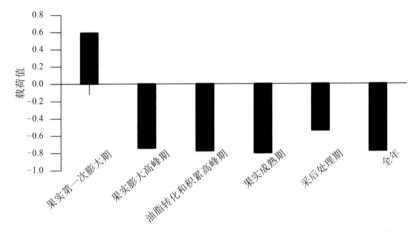

图 4-5　与油茶鲜果含油率关联的各阶段气候因子最大（最小）载荷值

注：图中只标注物候期，气候因子详见正文。

然后挑选出与鲜果含油率关联的载荷绝对值排名前 5 的油脂形成各时段的气候指标，并分析其结构特征，结果得出：果实成熟期的 5 项气候指标的载荷绝对值均≥0.7，其中，光照类气候指标有 3 项，与温度有关的气候指标有 2 项；油脂转化和积累高峰期的 5 项气候指标的载荷绝对值均≥0.6，其中，与温度有关的气候指标有 3 项，光照类气候指标有 2 项；年气候指标中有 3 项气候指标的载荷绝对值≥0.6，其中有 2 项气候指标与温度有关；果实膨大高峰期有 2 项气候指标的载荷绝对值≥0.6，这 2 项气候指标均与温度有关；果实第一次膨大期、采后处理期的气候指标的载荷绝对值均小于 0.6。

综上所述，温度是影响油茶鲜果含油率的最主要因子，在油脂形成的不同时段，主要气候影响因子也不同。果实成熟期的主要影响因子是光照，其次是温度；油脂转化和积累高峰期的主要影响因子是温度，其次是光照；全年的主要气候影响因子是温度；果实膨大高峰期的主要气候影响因子是温度。

（3）基于统计模拟的油茶鲜果含油率与气候因子关联性分析

采用逐步回归法对油茶鲜果含油率与油茶果油脂形成期不同时段的气候指标进行数学

拟合，5个数学拟合模型的平均绝对误差从小到大依次为果实成熟期（平均绝对误差为1.26%）、油脂转化和积累高峰期（平均绝对误差为1.28%）、果实膨大高峰期（平均绝对误差为1.31%）、年度（平均绝对误差为1.32%）、果实第一次膨大期（平均绝对误差为1.5%）。有20项气候指标分别进入到这5个数学拟合模型中，与油茶鲜果含油率的相关系数排名前5位的气候指标分别为年极端最高气温（相关系数为−0.406）、果实膨大高峰期的日最高气温≥37 ℃的日数（相关系数为−0.397）、果实成熟关键期的最长连续无降水日数（相关系数为0.370）、油脂转化和积累高峰期的极端最高气温（相关系数为−0.366）、年降水量（相关系数为0.286）。

以分类与回归树算法对油茶鲜果含油率与相关气候指标进行数学拟合，其平均绝对误差从小到大依次为年度（平均绝对误差为1.13%）、果实膨大高峰期（平均绝对误差为1.15%）、果实第一次膨大期（平均绝对误差为1.17%）、油脂转化和积累高峰期（平均绝对误差为1.20%）、果实成熟期（平均绝对误差为1.22%）。有21项气候指标分别进入到这5个数学拟合模型中，与油茶鲜果含油率的相关系数排名前5位的气候指标分别为年极端最高气温、果实成熟关键期的最长连续无降水日数、果实膨大高峰期的极端最高气温、年日降水量≥1 mm的日数、果实膨大高峰期日降水量≥1 mm的日数。

以卡方自动交互检验对油茶鲜果含油率与油茶果实油脂形成期不同时段的气候指标进行数学拟合，5个数学拟合模型的平均绝对误差从小到大依次为果实第一次膨大期（平均绝对误差为1.18%）、果实膨大高峰期（平均绝对误差为1.19%）、油脂转化和积累高峰期（平均绝对误差为1.21%）、年度（平均绝对误差为1.25%）、果实成熟期（平均绝对误差为1.29%）。共有13项气候指标分别进入到这5个数学拟合模型中，与油茶鲜果含油率的相关系数排名前5位的气候指标分别为果实膨大高峰期日最高气温≥37 ℃的日数、果实成熟关键期的最长连续无降水日数、年日最高气温≥37 ℃的日数、油脂转化和积累高峰关键期的日平均气温≥20 ℃的积温、年日降水量≥1 mm的日数。

（4）与油茶鲜果含油率有相关性的气候指标的筛选

将油茶果油脂形成期各时段的气候指标按其与鲜果含油率的相关系数绝对值（排名前5）的大小进行等级划分，可依次划分为A、B、C、D、E 5级；将与鲜果含油率关联的各时间段气候指标载荷绝对值按其大小可依次划分为A、B、C、D、E 5级；对基于各阶段气候指标通过逐步回归建立的拟合数学模型，分别按入选指标顺序划分A、B、C、D、E……多级；对基于各阶段气候指标通过决策树算法（CART、CHAID）建立的油茶鲜果含油率数学拟合模型，依据入选指标的叶节点顺序也可划分为A、B、C、D、E……多级。统计油脂形成期各时段各气候指标出现于同一等级的频率，然后对同一气候指标从A开始向后依次累加各级的频率，以累计频率≥60%的气候指标为影响油茶鲜果含油率的主要指标，累积频率第一次达到60%的级别确定为该指标的综合评定级别。由此得出的影响油茶鲜果含油率的主要气候指标及其排序见表4-2。

采取同样的方法可得出油茶鲜果含油率油脂形成期各时段的重要性顺序，分别为果实膨大高峰期、油脂转化和积累高峰期、全年、果实成熟期、果实第一次膨大高峰期。

表 4-2　影响油茶鲜果含油率的主要气候指标及其综合评定等级

气候指标	各气候指标出现于各等级的累计频率/%					综合评价等级
	A	B	C	D	E	
年极端最高气温	80					A
果实成熟关键期最长连续无降水日数	80					A
果实膨大高峰期日最高气温≥37 ℃的日数	60	20				A
果实第一次膨大期日平均气温≥15 ℃的积温	60		20			A
油脂转化和积累高峰期极端最高气温	60					A
果实成熟期日降水量≥1 mm 日数		80				B
果实膨大高峰期极端最高气温	40	20				B
油脂转化和积累高峰期关键期日平均气温≥20 ℃的积温	40	20				B
年日最高气温≥37 ℃的日数		60				B
果实第一次膨大关键期平均相对湿度		20	40			C
果实第一次膨大期大雨以上降水日数		20	20	20		D
年日降水量≥1 mm 的日数	20	20			20	E
果实膨大高峰期日降水量≥1 mm 的日数		40			20	E

4.2.2.2　油茶鲜果含油率关键气候影响因子与数学建模

逐个分析主要气候指标（表 4-2）对油茶鲜果含油率高低状况的响应程度，即将主要气候指标按不同累积概率对应的油茶鲜果含油率值分成两组（例如：累积概率 0.5 对应的鲜果含油率值为 5.7%，则气候指标数据分别按≤5.7%和>5.7%分组），分别统计每组的气候指标平均值，并进行核密度估算。若组间平均值之差与总样本标准差之比≥60%、且两组概率密度大值区位置差异大（图 4-6），则认为该气候指标对油茶鲜果含油率高低的响应程度好。最后将响应程度好的气候指标，采用逐步回归方法建立数学模型，得出独立性好、响应程度高的关键气候指标，分别为年极端最高气温（从图 4-7 中可以看出，该气候指标与油茶鲜果含油率的反相关特征十分明显）、果实膨大高峰期的日最高气温≥37 ℃的日数、年日最高气温≥37 ℃的日数，各指标的相关参数见表 4-3。

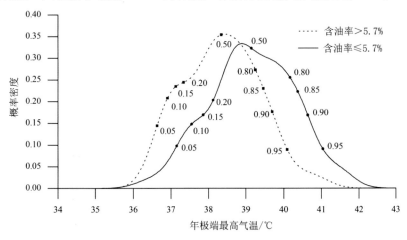

图 4-6　油茶鲜果含油率≤5.7%和>5.7%的年极端最高气温的概率密度分布图

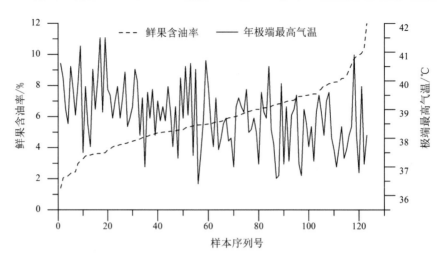

图4-7 油茶鲜果含油率与年极端最高气温

表4-3 与油茶鲜果含油率相关的关键气候指标

气候指标	与含油率的相关特性	含油率<5.7%的临界条件	含油率<5.7%的概率/%
年极端最高气温/℃	负相关	≥39.7	85.2
果实膨大高峰期日最高气温≥37 ℃的日数/d	负相关	≥11	77.4
年日最高气温≥37 ℃的日数/d	负相关	≥18	74.4

构建出的油茶鲜果含油率与关键气候指标的数学模型为：

$$P = 27.227 - 0.546 \times \mathrm{TMAxim\_10} - 0.152 \times \mathrm{tmad37\_3} + 0.072 \times \mathrm{tmad37\_10}$$

式中：P 为油茶鲜果含油率拟合值，拟合平均绝对误差为 1.27%，复相关系数为 0.441。

图4-8给出了油茶鲜果含油率的拟合曲线，可见拟合值与实测值的变化趋势基本一致。

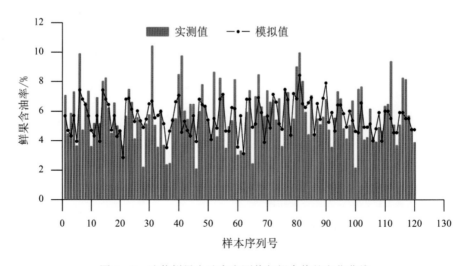

图4-8 油茶鲜果含油率实测值与拟合值的变化曲线

4.2.2.3 油茶鲜果含油率与关键气候影响因子相关数学建模的应用及案例分析

2013 年湖南有 9 个油茶样地检测了油茶鲜果含油率，其平均值为 4.3%。88.9% 的样地的油茶鲜果含油率平均值≤4.7%，其中 2 个样地的平均值≤3.4%。该年度湖南出现了自有气象记录以来最强的高温天气，6 月 29 日—8 月 19 日全省平均高温日数达 35.1 d（为 1951 年以来同期最多），高温持续时间最长的衡山、长沙达 48 d（为 1951 年以来的最高纪录），同时有 39 个县（市、区）刷新当地有连续气象记录以来的最高值；57 个县（市、区）的极端最高气温高于 40.0 ℃，桃源、花垣、慈利等 33 个县（市、区）极端最高气温均破了当地历史的最高纪录。

2015 年湖南境内有 11 个油茶样地检测了油茶鲜果含油率，其平均值为 7.4%。81.8% 的样地的含油率均值在 5.7% 以上，其中 6 个样地的含油率均值在 7.4% 以上。该年度湖南的气候特点是全省大部地区气温略偏高、降水偏多、高温日数偏少。

本研究已得出年极端最高气温、果实膨大高峰期的日最高气温≥37 ℃的日数、年日最高气温≥37 ℃的日数都是影响油茶鲜果含油率的关键气候指标，其与鲜果含油率均呈负相关。这一结果已在上述案例中得到了印证。

4.3 油茶籽脂肪酸与气候

4.3.1 文献摘录

（1）吴丽等[19]将气候因子对油茶品质的影响进行了阐述：夜间低温有利于油酸的转化形成，可提高油茶含油率及油茶品质；油茶油脂转化关键生育期的降水量与油茶不饱和脂肪酸含量呈正相关，与油茶种仁蛋白含量呈负相关；降水量的增加有利于油酸含量的积累，同时导致蛋白质含量减少；太阳辐射中的红橙光有利于脂肪和碳水化合物的形成，从而增加油料作物不饱和脂肪酸含量。

（2）李大明等[23]对 21 个地区 58 个油茶物种（或优良品种）进行了含油率、脂肪酸组成、碘值和粗蛋白质等化学品质的分析，并通过选取 14 个不同地区的普通油茶的品质与19 个生态因子进行多元线性逐步回归分析，发现年平均温度升高会导致油酸等不饱和脂肪酸含量下降，在油茶适生区域内，温度低、温差大的栽培环境十分有利于油酸含量的增加，而年降水量增加，油酸含量也相应较高。

（3）张乃燕等[24]以广西的南宁、岑溪、柳州、龙胜等 10 处采样点的岑溪软枝油茶种质为材料，研究了年平均温度、年平均降水量等气候因子对岑溪软枝油茶籽油脂肪酸组成的影响，发现年平均温度升高会导致油酸含量下降，年平均降水量增加有利于油酸含量升高，而低温或降水量增加则会导致亚油酸含量降低。

4.3.2 湖南油茶籽脂肪酸与气候

4.3.2.1 相关性分析

（1）基于皮尔逊相关系数的油茶鲜果含油率与气候因子的相关性

计算 2012—2017 年湖南有关县（市、区）茶油油酸数据（36 个样本）和气候指标数据的相关系数，通过显著性检验（$a=0.05$）的气候因子占总因子数的 5.5%。

比较各时间段最相关的气候因子（图 4-9），以果实第一次膨大期的极端最高气温相关性最好（相关系数为 0.489），其后依次为采后处理期的日降水量≥25 mm（相关系数为 0.429）、果实膨大高峰期的极端最高气温（相关系数为－0.4）、果实成熟期的日降水量≥25 mm（相关系数为－0.399）、油脂转化和积累高峰期的极端最低气温（相关系数为－0.367）、全年日最高气温≥37 ℃日数（相关系数为 0.346）。

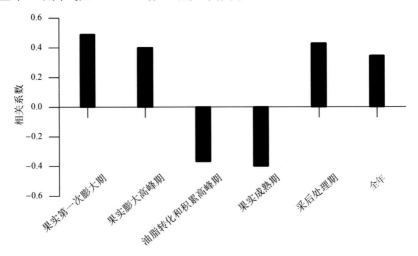

图 4-9　与油酸相关性最高的各时间段的气候因子及相关系数

注：图中只标注物候期，气候因子详见正文。

挑选出各时间段相关性排位前 5 的气候因子，分析结构特征得出：油酸与果实膨大高峰期的气候因子整体相关性最好，5 个因子均通过显著性检验（$a=0.05$），从因子结构看，与气温有关的因子 4 项、光照因子 1 项；其后依序为果实成熟期，4 个因子通过显著性检验（$a=0.05$），与气温有关的因子 2 项、光照因子 1 项、降水因子 1 项；果实第一次膨大期 4 个因子通过显著性检验（$a=0.05$），气温因子 1 项、日照因子 2 项、湿度因子 1 项；采后处理期有 4 个因子通过显著性检验（$a=0.05$），降水因子 3 项、气温因子 1 项；全年有 2 个因子通过显著性检验（$a=0.05$），均与气温有关；油脂转化和积累高峰期有 1 个因子通过显著性检验（$a=0.05$），与气温有关。

由此得出，油酸与气候条件有关，相关性依序为果实第一次膨大期、采后处理期、果实膨大高峰期、果实成熟期、全年、油脂转化和积累高峰期。果实第一次膨大期、果实膨大高峰期的主要影响因子是极端最高气温（正相关）和光照（正相关），果实成熟期、采后处理期的主要影响因子是降水（正相关）。

（2）基于主成分分析的油茶果油酸含量与气候因子的相关性分析

基于 2012—2017 年湖南县（市、区）茶油油酸数据和气候指标数据进行主成分分析，得出第 10 主成分的油酸含量载荷绝对值最大（载荷值为 0.427），其次为第 7 主成分（载荷值为 0.379），其余主成分的油酸含量载荷绝对值均小于 0.3。因此，选择上述两个油酸含量载荷绝对值≥0.3 的主成分，分析各时间段气候因子的最大（最小）载荷值（图 4-10）得出：年降水量载荷绝对值最大（载荷值为 0.764）；其后依次为果实膨大高峰期的最长连续降水日数（载荷值为 0.667）、油脂转化和积累高峰期的降水量（载荷值为 0.554）、果实成熟期的日照时数（载荷值为 0.438）、果实第一次膨大期的最长连续无降水日数（载荷值为 0.436）、采后处理期的最长连续无降水日数（载荷值为－0.343）。

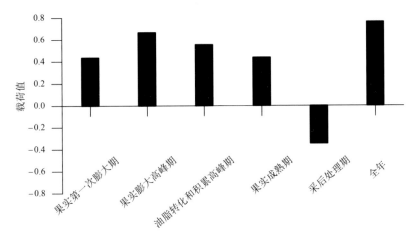

图 4 - 10 与油酸关联的各阶段气候因子最大（最小）载荷值

注：图中只标注物候期，气候因子详见正文。

挑选各时间段载荷绝对值排名前 5 的气候因子，分析其结构特征得出：5 项年气候因子载荷绝对值均≥0.4，与降水有关的因子 4 项、光照因子 1 项；油脂转化和积累高峰期的 5 项因子载荷绝对值均≥0.4，与降水有关的因子 4 项、与气温有关的因子 1 项；果实膨大高峰期有 4 项因子载荷绝对值≥0.4，与降水相关的因子 2 项、与气温相关的因子 2 项；果实第一次膨大期有 2 项因子载荷绝对值≥0.4，2 项因子均与降水有关；果实成熟期有 1 项因子载荷绝对值≥0.4，为光照因子；采后处理期无因子载荷绝对值≥0.4。

由此得出：油酸与气候条件密切相关，主要相关时段为果实第一次膨大期至油脂转化和积累高峰期（关键期较鲜果含油率前移），主要影响因子是降水。纵观全年，主要气候影响因子也是降水。

（3）基于统计模拟的油酸含量与气候因子关联性分析

基于各时间段气候指标，运用逐步回归法建立油茶油酸与气候拟合模型，平均绝对误差从小到大依次为 2.46%（果实第一次膨大期）、2.55%（全年）、2.69%（采后处理期）、2.82%（果实膨大高峰期）、2.88%（油脂转化和积累高峰期）、5.69%（果实成熟期）。

基于各时段气候指标，运用分类与回归树算法建立茶油油酸与气候拟合模型，平均绝对误差从小到大依次为 1.74%（果实膨大高峰期）、1.85%（果实第一次膨大期）、1.97%（果实成熟期）、1.99%（全年）、2.19%（油脂转化和积累高峰期）、2.2%（采后处理期）。

基于各时段气候指标，运用卡方自动交互检验建立茶油油酸气候拟合模型，平均绝对误差从小到大依序为 2.63%（采后处理期）、2.71%（果实第一次膨大期）、2.84%（果实膨大高峰期）、3.08%（果实成熟期）。

综合得出：3 种统计方法均能较好地模拟气候条件对油酸的影响，以果实第一次膨大期、果实膨大高峰期气候条件的模拟效果最好（平均绝对误差在 3.0%以下）。纵观全年，主要气候影响因子是气温、降水类。

（4）与油酸含量有相关性的气候指标的筛选

采用方法同含油率，得到油酸气候影响因子（表 4 - 4）为：油脂转化与积累高峰期的极端最低气温、果实膨大高峰关键期的极端最高气温、采后处理期大雨以上降水日数、果实第一次膨大关键期的极端最高气温、果实成熟期大雨以上降水日数、果实膨大高峰期日最高气温≥35 ℃的日数、年日最高气温≥39 ℃的日数、果实第一次膨大关键期的日照时数、采后处理期的极端最低气温。

气候因子影响时间段重要性排序依次为：果实膨大高峰期、果实第一次膨大高峰期、全年、果实成熟期、油脂转化和积累高峰期、采后处理期。

表 4-4　油酸气候影响因子筛选列表

气候指标	各气候指标出现于各等级的累计频率/%					综合评价等级
	A	B	C	D	E	
油脂转化和积累高峰期极端最低气温	60					A
果实膨大高峰期极端最高气温	40	20				B
采后处理期大雨以上降水日数	40		20			C
果实第一次膨大关键期极端最高气温	40		20			C
果实成熟关键期大雨以上降水日数	40		20			C
果实膨大高峰关键期高温日数	40			20		D
年日最高气温≥39 ℃日数	20	40				B
果实第一次膨大关键期日照时数	20	40				B
采后处理期极端最低气温		60				B

4.3.2.2　油酸含量关键气候影响因子与数学建模

采用与鲜果含油率相同的建模方法得到：油酸含量的关键因子有 4 项（表 4-5），图 4-11 给出了关键因子果实第一次膨大关键期的极端最高气温与油酸值的关联图，可以看出正相关特征十分明显。

表 4-5　油酸气候关键指标

指标名称	代码	相关性
果实第一次膨大关键期极端最高气温/℃	TMAxim_2	正相关
年日最高气温≥39 ℃日数/d	tmad39_10	正相关
果实成熟期关键期大雨以上降水日数/d	rda025_8	正相关
油脂转化和积累高峰期极端最低气温/℃	TMInim_5	负相关

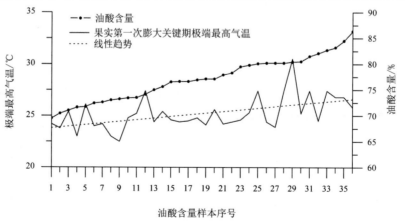

图 4-11　油酸与果实第一次膨大关键期极端最高气温关联图

构建出的油酸含量与关键气候指标的数学模型为：

$$P = 66.645 + 0.641 \times \mathrm{TMAxim\_2} + 0.758 \times \mathrm{tmad39\_10}$$
$$- 3.211 \times \mathrm{rda025\_8} - 0.485 \times \mathrm{TMInim\_5}$$

式中，P 为油茶油酸含量拟合值，各代码含义见表 4-5。图 4-12 给出了油酸含量的拟合曲线，可见拟合值与实测值的变化趋势基本一致。

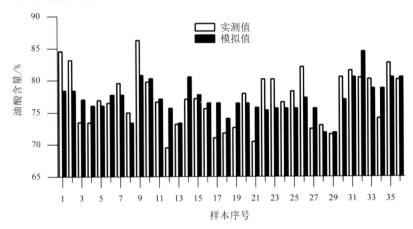

图 4-12　基于关键气候指标的油茶油酸含量拟合曲线

4.4　油茶适宜采摘的时间与气候

4.4.1　文献摘录

（1）简海燕[5]利用 1993—2002 年江西省宜春市气象观测资料和同期油茶产量数据，分析了江西省宜春市袁州区的气候特征，提出了该区高产优质油茶成熟和采摘的最适宜气候条件。8 月上旬至果实成熟阶段是油茶果仁油分积累的主要阶段，特别是接近成熟期前 10 d 左右，油分的积累最为迅速。所以在果仁未完全成熟的阶段中，每提前 1 d 采摘，损失的油量是相当惊人的。一般茶果的采收适宜期是从自然成熟到下一个节气。但收获采摘期必须根据当年油茶成熟阶段的气象条件来分析并掌握，若遇低温阴雨、大风等气象灾害，果实成熟受影响，采摘时间宜推迟。据宜春市林科所多年观测、调查资料分析，宜春油茶籽一般在 10 月中旬采摘较好，活动积温充足，茶籽出仁率高，油质好。

（2）罗凡等[25]以浙江省建德市为例，通过分析油茶籽、压榨茶油以及压榨后饼粕中各项参数的变化情况，探讨油茶籽发育后期不同采摘时间对其品质特别是油茶籽油理化性质及营养成分的影响，发现茶油中的不饱和脂肪酸含量随着油茶籽的成熟日渐增多，抗氧化物质如维生素 E、β-谷甾醇等也随着油茶籽的成熟而增加，增加规律基本相同，即 10 月 9 日—24 日的变化幅度较大，10 月 24 日之后分析参数也有缓慢变化，到 10 月 29 日基本达到峰值。自然落果后的油茶籽油的过氧化值以及酸值最高，可能是落果部分酸败所致。根据实验所得数据，浙江地区 10 月 24 日—29 日左右为采果最佳时期，油茶果成熟后立刻采摘可以保持茶油中的高酚含量以及高氧化稳定性，但也意味着口味可能稍苦和辛辣。

（3）郭水连等[26]选用长林 40 号和赣兴 48 号油茶品种为研究对象，设置 5 个不同收获时期，结合积温、特殊天气等主要气象因素，分析不同采摘期下不同地区 2 个油茶品种各自含油率的变化情况。结果表明，随着茶果的逐渐成熟，赣兴 48 号油茶籽仁干基含油率和鲜果含油率整体都呈先增后降的趋势，长林 40 号油茶籽仁干基含油率呈直线上升的趋势，鲜果含油率呈先增后降的趋势；长林 40 号油茶籽仁干基含油率在 10 月 28 日达到最大，而赣兴 48 号在 10 月 23 日达到最大；2 个油茶品种鲜果含油率均在 10 月 23 日为最大；随着积温的升高，油茶籽仁干基含油率总体也呈升高趋势；冰冻和采摘期的低温连阴雨天气对茶果油脂的积累均有显著不利影响。综合试验数据得出，霜降前后 2 天且天气状况适宜的时间段为油茶果采摘的最佳时期。

4.4.2 湖南油茶适宜采摘时间与积温

4.4.2.1 采摘日期对油茶产量的影响分析

图 4-13 给出了 2015—2017 年不同采摘日期下油茶产量增减率趋势图，可以看到，油茶产量随采摘期的延长呈增加趋势，即采摘期平均每推迟 1 天，油茶产量增产 3.7%。样本中油茶采摘日期多集中在 290～295 d（10 月 17 日～22 日），在此区间段内，增产样本量和减产样本量差异较小，说明同一采摘期下，各地区油茶增、减产差异明显，同一采摘期并不适用于指导全省油茶采摘时间，不利于油茶高产。作物发育速度主要受温度的影响，在同一采摘期下，各地区油茶生育期的积温不同，会影响到油茶的产量，因此根据积温确定油茶适宜的采摘期对提高油茶产量具有重要意义。

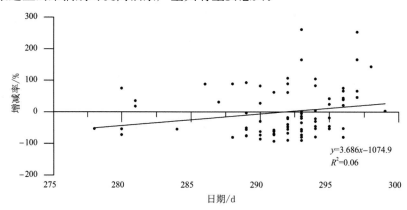

图 4-13　不同采摘日期下油茶产量增减率的变化趋势

4.4.2.2 油茶产量与积温的相关性分析

根据不同界限温度的积温与油茶产量进行相关分析，得出与油茶产量最为密切的界限温度积温。选取各物候期开始时间至采摘时间段的日平均气温≥0 ℃、≥5 ℃、≥10 ℃、≥15 ℃、≥20 ℃的不同界限积温，分别计算油茶鲜果产量与其的相关系数，排名前 5 的积温指标及相关系数见表 4-6。可见，油茶鲜果产量与各积温指标呈负相关，其中产量与花期至油茶采摘时间段的日平均气温≥15 ℃的积温的相关系数最大，同时油茶花期是影响油茶产量的关键物候期，因此选取油茶花期至采摘时间段的日平均气温≥15 ℃的积温指标作为研究对象。

表4-6 排在前5位的油茶鲜果产量与积温指标的相关系数

时段	花期至采摘	花芽成熟期至采摘	年初至采摘	果实膨大高峰期至采摘	果实第一次膨大期至采摘
气候指标	日平均气温≥15℃积温	日平均气温≥15℃积温	日平均气温≥15℃积温	日平均气温≥20℃积温	日平均气温≥15℃积温
相关系数	−0.155	−0.142	−0.140	−0.118	−0.114

4.4.2.3 油茶高产的积温条件

利用核密度估计分析油茶鲜果产量与花期至采摘时段内的日平均气温≥15℃积温的关系，得到油茶高产的积温较适宜、适宜和最适宜区间。

将油茶鲜果产量数据序列划分为两类，分别为增产、减产序列，利用核密度估计分别统计分析，找出不同样本下油茶增产和减产的积温区间。图4-14为增产和减产油茶产量与花期至油茶果采摘时间日平均气温≥15℃积温的核密度估计曲线。

从图4-14中可以看出，减产的概率密度曲线较为平直，积温分布区间较大；而增产的概率密度曲线有明显的峰值，且积温分布区间较小，说明在概率密度峰值区对应的积温区间内，油茶增产的样本较多。另外，增产与减产的概率密度曲线峰值有明显的分离，说明增产和减产的核密度估计曲线的峰值区对应的积温区间有明显的差异，因此可以根据增产的概率密度曲线确定增产的积温适宜区间，而减产的概率密度曲线不适宜分析减产的积温区间。

以增产样本的概率密度估计曲线的最大值对应的积温为中值，以小于中值对应的累积概率值5%、10%、15%对应的积温分别作为最适宜、较适宜、适宜区间的下限值，以大于中值对应的累积概率值5%、10%、15%对应的积温作为最适宜、较适宜、适宜区间的上限值。从图4-13可见，增产的核密度最大值对应的最适宜积温为6312℃·d，最适宜积温区间为6286~6337℃·d；较适宜积温区间为6257~6366℃·d；适宜积温区间为6228~6395℃·d。基于不同适宜积温区间，可根据天气预报及时预估达到不同适宜积温的日期。

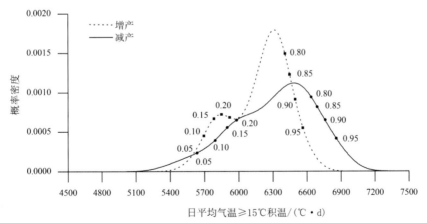

图4-14 日平均气温≥15℃积温概率密度估计曲线

4.4.2.4 积温与油茶采摘时间的验证分析

利用油茶采摘时间和油茶花期至采摘时间的日平均气温≥15 ℃的积温进行线性拟合（图4-15），两者的相关系数通过显著性检验（$a=0.01$）。拟合公式为 $y=35.762x-4169.612$，其中 x 表示油茶采摘日期，y 表示油茶花期至采摘时间的日平均气温≥15 ℃的积温。利用核密度估计计算得出油茶采摘的最适宜积温区间为6286~6337 ℃·d，根据油茶采摘时间和积温的线性拟合公式，推算得出油茶对应的最适宜采摘时间为10月19日—21日。

图4-16为2015—2017年80个油茶样本采摘日期频率分布直方图。从图中可见，湖南省油茶采摘时段基本集中在10月16日—24日，所占比例为83.8%，其中10月19日—21日油茶采摘时间的样本占比为38.8%，为主要采摘时段。说明根据油茶采摘的适宜积温区间（6286~6337 ℃·d）计算出来的油茶高产适宜采摘日期（10月19日—21日）与多地实况油茶采摘时间十分相近。

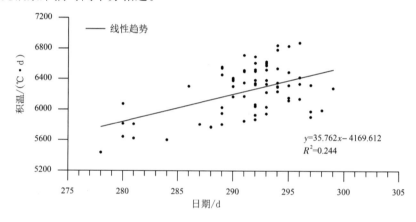

图4-15 油茶采摘时间和油茶花期至采摘时间的日平均气温≥15 ℃的积温拟合曲线

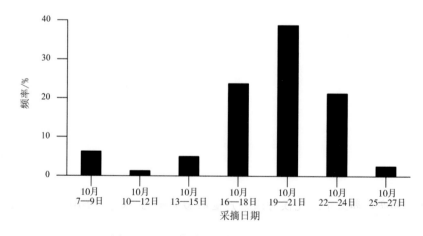

图4-16 油茶采摘日期频率分布直方图

4.4.2.5 气候变暖下采摘期的变化

图4-17为湖南省1961—2017年年平均气温年际变化趋势。可以看出，湖南省近57年年平均气温呈升高趋势，气温倾向率为0.19 ℃/10a。从10年滑动平均曲线可以看出，20世纪90年代中期以前，多年平均气温大于10年滑动平均值；而在20世纪90年代中期

以来，10 年滑动平均值持续高于多年平均气温值，而且 20 世纪 90 年代中期以后高于平均值的幅度明显增大，21 世纪以来幅度持续增加。按 $V_i > 0$（V_i 为年平均气温的 10 年滑动平均值与多年平均值之差）为偏暖期、$V_i < 0$ 为偏冷期来划分，湖南省年平均气温经历了冷暖两个时期，以 20 世纪 90 年代中期为界，前期为偏冷期，之后为偏暖期。这些特征均说明湖南省年平均气温处于升高趋势，而且在 20 世纪 90 年代中期以来，升温幅度增加。

基于湖南省平均气温处于升温趋势，可以预计在未来一段时期内，根据油茶采摘的适宜积温区间预估的合理采摘日期会呈逐渐提早的趋势，因此油茶合理采摘时间并非固定不变，需根据气候条件及时预估达到油茶采摘适宜积温的日期。

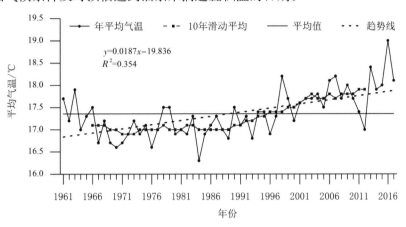

图 4-17 1961—2017 年湖南省年平均气温年际变化曲线

参考文献

[1] 欧阳兆云. 油茶产量与气象条件的关系及生产管理措施 [J]. 气象，1991，17 (3)：16，35-36.

[2] 谭德权，王尔礼，唐娅琼. 湖南省邵阳县极端气象条件对油茶产量影响分析 [J]. 北京农业，2016 (1)：127-128.

[3] 郭文扬，汪铎. 浙江中部丘陵地区油茶产量气候分析 [J]. 中国农业气象，1987 (2)：31-34.

[4] 康志雄，王芷虔. 影响油茶产量气候因子的灰色关联分析 [J]. 经济林研究，1993，11 (001)：23-26.

[5] 简海燕. 充分利用气候资源为发展袁州优质高产油茶服务 [J]. 经营管理者，2009 (16)：156-157.

[6] 郭水连，郭亮，郭卫平. 气候对油茶产量的影响研究 [C] //S10 气象与现代农业发展 2012 年.

[7] 黎素娟，刘作章. 油茶产量与气象条件关系的初步探讨 [J]. 广西林业科学，1981 (3)：40-44.

[8] 彭清莲，郭友德，张丽. 油茶产量与气象条件的相关分析及其预报方法 [J]. 气象与减灾研究，1998，21 (2)：27-29，31.

[9] 韦宏江，刘树平，黄美依，等. 凌云县油茶产量与气象条件关系分析 [J]. 安徽农业

科学，2012 (33)：16295 - 16296.

[10] 林葆威，周蕾芝. 丽水县油茶产量的气候分析 [J]. 浙江气象，1983 (03)：38 - 41.

[11] 庄瑞林，朱德俊，黄爱珠，等. 应用逐步回归分析挑选影响油茶产量的气候因子 [J]. 经济林研究，1984，2 (2)：7 - 13.

[12] 陈水云，莫荣耀，潘国英. 连南瑶族自治县发展油茶产业的相关气候条件分析 [J]. 安徽农学通报，2012，18 (2)：95 - 96.

[13] 黎丽. 遂川县油茶种植气候区划及生产建议 [J]. 现代农业科技，2009 (24)：281，284.

[14] 王道藩. 湖南省丘陵山地油茶气候资源的研究 [J]. 中国农业气象，1983 (2)：11 - 13.

[15] 许光耀，冯苏珍. 德化县油茶种植的气候条件分析 [J]. 林业与技术，2015，33 (3)：158 - 159.

[16] 张小石，曾祥标. 丰顺县油茶种植的气候适应性 [J]. 广东气象，2009，31 (4)：31 - 32.

[17] 韦金霖. 隆林县油茶生产的气候条件及主要气象灾害分析 [J]. 气象研究与应用，2013，34 (2)：62 - 64.

[18] 余会康. 闽东油茶产量及含油率与气候条件分析 [J]. 贵州气象，2014，38 (6)：7 - 12.

[19] 吴丽，郭水连，李鹰，等. 油茶高产优产与气候因子分析 [J]. 吉林农业，2017 (21)：81 - 82.

[20] 左继林，徐林初，李江，等. 赣无1油茶优良无性系经济性状与气候因子的典型相关分析 [J]. 中南林业科技大学学报，2010，30 (7)：43 - 49，69.

[21] 曹俊仪，韦祖明，黄小枝. 气候条件对油茶籽含油量、出油率的影响 [J]. 南方农业学报，1984 (4)：36 - 38.

[22] 黎章矩，华家其，曾燕如. 油茶果实含油率影响因子研究 [J]. 浙江林学院学报，2010，27 (6)：935 - 940.

[23] 李大明，刘厚培. 外界生态因子对油茶品质影响的研究 [J]. 林业科学，1990，26 (5)：389 - 395.

[24] 张乃燕，黄开顺，覃毓，等. 主要地理气候因子对油茶籽油脂肪酸组成的影响 [J]. 中国油脂，2013，38 (11)：78 - 80.

[25] 罗凡，费学谦，方学智，等. 油茶籽采摘时间对油茶品质的影响研究 [J]. 江西农业大学学报，2012 (1)：87 - 92.

[26] 郭水连，章起明，李鹰，等. 气象条件对油茶合理采摘期的影响研究 [J]. 中国农学通报，2018，34 (20)：106 - 110.

5　油茶主要气象灾害

5.1　低温连阴雨

5.1.1　文献摘录

（1）刘中新等[1]通过对湖北麻城市 2016—2017 年油茶落花落果现象进行观测发现：

①最低气温≤−3.5 ℃时油茶开始出现落花落果现象，最低气温≤−6.0 ℃或连续多日低温时落花落果显著增加，如 2016 年、2017 年因低温冻害雨雪天气造成的落花落果占初始花蕾总数比分别为 8.0%、4.7%。

②6 月中旬—7 月上旬梅雨阶段，油茶正处于果实膨大期，当连续降水日数≥3 d 时有落果现象发生，如 2016 年麻城梅雨期共出现 3 次连阴雨过程（6 月 19 日—21 日、6 月 24 日—27 日、7 月 1 日—7 日），2017 年出现 2 次连阴雨过程（6 月 30 日—7 月 2 日、7 月 7 日—10 日）。2016 年、2017 年落果率分别为 4.9%、3.6%。

（2）郭水连等[2]基于袁州区油茶产量与气象灾害的关联性分析得出，2—6 月油茶正处于幼果形成期、发梢期，倒春寒容易导致幼果腐烂，不利于花芽分化，影响产量。如 2010 年受倒春寒影响，全区产量偏低，有些地方产量为 1.5 kg/亩。

（3）刘梅等[3]经调查得出，影响三江县油茶高产的因素除品种结构、管理水平外，最主要的是气象条件对油茶开花授粉的影响，对油茶开花授粉影响最大的则是花期低温阴雨。

（4）林葆威等[4]对丽水县油茶开展花期降水量、降水日数与产量的对比分析得出，降水日数对产量的影响大于降水量，在盛花期（1 月中下旬）的影响更为显著，历史上产量比较低的年份都因花期阴雨日数多，如果加上冰冻日数多，则产量更低。如 1967 年 11—12 月花期降水日数为 22 d，冰冻日数为 18 d，1968 年产量只有 2.26 万担（1 担＝50 kg，下同）；1975 年同期降水日数 24 d、冰冻日数 19 d，1976 年产量仅 2 万担。另外通过对比观测与实验发现，最低气温为 0 ℃时油茶花瓣开始有轻度冻害，−4～−2 ℃以下时冻害严重，例如 1967 年、1975 年、1976 年花期出现最低气温≤0 ℃日数（当地茶农称为冰冻日数）都在 15 d 以上，第二年产量极低，只有 2～3.6 万担。

（5）郭文扬等[5]研究浙江中部丘陵地区油茶产量气候影响得出：当地油茶花期（10 月—12 月初）若遇长时间低温阴雨寡照天气，授粉、受精会受到严重影响，如 1975 年 10 月—11 月降水日数为 29 d、总降水量为 240 mm、日照时数为 203 h（日照百分率 31%），与历史同期比，降水日数偏多 11 d、降水量偏多 1 倍、日照时数偏少 60%，平均气温 11 月份偏低 2.7 ℃，1976 年油茶籽总产量仅为 1975 年的 1/6。与油茶年际产量增减百分率对照分析发现：前冬期（立冬至大雪节气期间，即 11 月 8 日—12 月 21 日）最低气温≤−3.5 ℃时，次年油茶籽产量比上年减产 20% 以上。

（6）谢培雄[6]分析发现，气温对油茶花期的影响很大。油茶开花前期，要求适当的低温，如果温度高，油茶开花期就推迟 10～15 d。花期气温低，花粉生命力弱，发芽率低，雌蕊受粉率低，传粉昆虫少，花而不实。花期气温高，花粉生命力强，发芽率高，雌蕊分泌物多，受粉率高，传粉昆虫多，是翌年高产的基础。盛花期如果气温低，影响受粉受精，对翌年产量影响更大，如 1965 年 11 月平均气温 13 ℃，1966 年红星大队产茶油 3476.5 kg；1967 年同期平均气温 9 ℃，1968 年产茶油 1687.5 kg。特别是盛花期降水量要求适中，降水量和降水日数过多或过少均会对油茶产生大的影响，如 1961 年盛花期降水量为 142.8 mm、降水日数为 20 d，1962 年江坪大队油茶产量为 2124.5 kg；1962 年盛花期降水量为 74.2 mm、降水日数为 14 d，1963 年油茶产量为 9419.5 kg，较 1962 年增加 3 倍多。

（7）李邀夫[7]对花垣县油茶观察发现，油茶结实大、中、小年的出现与盛花期晴、雨天气密切相关。花期特别是盛花期晴天多、雨天少，昆虫活动旺盛，油茶授粉状态好；在幼果生长期没有长时间的连续冰冻或短时间的极端低温冰冻，则不论当年是结实大年或小年，第二年结实情况一定比较好。

9 个结实大年中，盛花期降水日数为 8～15 d（降水日数平均为 12.1 d，占比为 39.0%），其中 1957—1959 年连续三个大年和 1971—1974 年连续四个大年的盛花期均为晴天多、雨天少；8 个结实小年中，盛花期降水日数为 14～23 d（降水日数平均为 18.1 d，占比为 58.4%）；5 个结实中年中，盛花期降水日数为 10～18 d（降水日数平均为 15.2 d，占比为 49.0%），介于大年和小年之间。

1961—1962 年，盛花期降水日数为 23 d（降水日数占比为 74.2%），产量只有 500 担；1975—1976 年，盛花期降水日数为 22 d（降水日数占比为 71.0%），产量只有 683 担。可以看出，在油茶盛花期，降水日数占比为三分之一左右时，油茶大多能正常授粉结实，产量较好；降水日数占比超过 50% 时，对授粉结实很不利，产量降低；降水日数占比超过 70% 时，很难授粉结实，产量极低。

极端灾害天气也能造成油茶产量的大幅度下降，如 1976—1977 年，盛花期天气较好（降水日数为 14 d），但在 1977 年 1 月下旬出现连续 8 天的冰冻，最低气温达到 −15.5 ℃，2 月上旬又出现连续 9 天的冰冻天气，最低气温为 −6.1 ℃，大部分幼果受到冻害，因此，1977 年为小年。

（8）彭清莲等[8]分析发现，油茶花期的平均气温和绝对湿度对油茶虫媒授粉、花粉发芽、孕果影响较大，平均气温和平均绝对湿度与翌年油茶产量成正相关，即 11—12 月日平均气温 ≥10 ℃，翌年油茶产量就比较高。

（9）黎章矩、汪孝廉等[9]对各气候因子与油茶开花结果和产量的关系进行比较系统的研究，通过观测发现，雨水冲洗和稀释柱头液使落在柱头上的花粉不能发芽，这是影响结果的主要原因，如 1979 年镜检雨天授粉的 24 株树柱头的花粉全不发芽；同时连阴雨可使整个花期推迟而导致减产，且对油茶产量的影响随着盛花期内降水日数和降水总量的增加而加大，如 1975 年 11 月 1 日—16 日降雨长达 14 d，抽查此期间开花的 25 株树 6188 朵花，只着果 112 个，着果率仅 1.8%。1978 年 10 月 25 日至 1979 年 1 月 4 日，分别在 12 个雨天进行人工辅助授粉和自然授粉对比试验，自然授粉着果率仅 0～0.7%，人工辅助授粉着果率为 1.6%～5%，同一期间内气温条件相似的阴天和晴天，人工辅助授粉着果率一般达 20%～90%。花期连续降雨是引起油茶大面积减产重要原因之一，常山、青田两地 1968 年、1971 年、1973 年秋冬花期天气晴暖，降雨少，带来 1969 年、1972 年、1974 年丰收；1975 年花期前期多雨、后期低温，造成 1976 年浙江省油茶大减产。

（10）黎章矩[10]对各气候因子与油茶开花结果和产量的关系深入研究发现：

①油茶花期遇阴雨天或出现 0 ℃以下低温天气，着果率极低，甚至为零。着果率随花期气温升高而提高。当花期日平均气温为 5～10 ℃时，着果率与日平均气温呈显著的正相关关系。当日平均气温为 10～17 ℃时，着果率保持稳定。但在临安潘母岗林场对早花类型的油茶单株所做的人工授粉试验结果表明：日平均气温超过 17 ℃时，着果率不再随之提高，反而下降。造成油茶开花特别早的单株着果率很低的原因，除了授粉不足外，花期高温、低湿使花粉失去发芽能力，这是着果率低的重要原因之一。

②花期降水影响授粉昆虫的活动，雨水冲淡柱头液，这些使得着果率大为下降，连续阴雨危害更大；花期干旱，也会影响油茶开花和受精。同时，花期多雨也造成授粉受精不良，从对落果的解剖观察发现，胚珠发育畸形、卵器退化，致使子房脱落，落果增多。

（11）黎章矩、曾燕如等[11—13]则通过对浙江省龙游县及临安区试验地油茶观察实验发现：

①花期连续阴雨和频繁霜冻都会影响昆虫活动和开花授粉，特别是 −1 ℃以下的霜冻，会严重损伤花器，可使开花前后多日开的花坐果率下降。花期日平均气温>8 ℃，平均最低气温>3 ℃，日降水量<0.5 mm 的无霜天气为适宜授粉天气（可授期），可授期的长短与次年油茶产量密切相关。1958—1990 年期间，1972 年、1974 年、1979 年、1981 年、1989 年 5 次全国性大丰收，全都因为前一年花期天气晴暖，授粉受精条件好，坐果高、落果少；而 1976 年全国性大减产，主要原因是 1975 年秋季气温高，入秋迟，使油茶花期推迟近 20 d，盛花期遭受频繁霜冻，许多地方 60%以上的花蕾未开放就脱落，导致 1976 年全国油茶减产 50%以上，浙江省油茶比常年减产 70%。

②低温霜冻是影响油茶开花授粉和坐果的最重要因子。低温霜冻天气影响授粉昆虫活动，但只要白天有一定时间气温在 10 ℃以上，一些授粉昆虫仍然可以活动传粉。霜冻前 5 天开的花坐果率不受影响；霜冻前 3 天开的花有一定影响，人工辅助授粉坐果率由 79.18%下降到 56.0%；而霜冻前 1 天开的花坐果率大受影响，人工辅助授粉坐果率只有 25.86%。如潘母岗林场 1978 年 12 月 4 日和 12 月 6 日—7 日为霜后晴天，平均气温上升到 8.3～10.9 ℃和 7.4～9.6 ℃，人工辅助授粉坐果率为 14.19%～18.55%，自然授粉坐果率只有 2.00%～2.85%。而在霜冻前，这样温暖的天气，人工辅助授粉坐果率和自然授粉坐果率可分别达 70%以上和 40%以上。

③影响油茶花期年度变异的气候因子主要是气温。一年中 9 月的平均气温高低对油茶花期影响最大。气温越高，入秋越迟，花期越迟，可授期（适宜授粉天气）越短，次年产量越低。油茶花期较长，整个花期为 10 月中旬—1 月上旬，持续时间达 80 d 之久，但全林盛花期仅 30～40 d。中、早花类开花时气温高，花期集中，落花也集中。晚花类开花时受低温霜冻影响，花期长，落花时间分散，翌年 3 月前未受精的花基本落光，坐果率低。

（12）蒋元华等[14]统计大量相关文献得出：

①冬末春初出现霜冻、冰雪天气，尤其是 3、4 月间出现霜冻，会严重影响油茶树授粉和幼果形成，对油茶产量造成很大的影响。

②当气温低于 8 ℃时，花粉囊开裂受到抑制；而且油茶主要靠昆虫进行异花授粉，花期温度过低，会影响到昆虫的活动能力，不利于授粉孕果。盛花期小于 −3.5～−2.5 ℃的低温，会冻坏花蕾，冻死传粉地蜂，造成油茶次年减产。随着最低气温更低和持续时间的增长，减产幅度增大（一般减产 3 成以上，甚至减产近 9 成）。

③连阴雨天气日照严重不足，光合作用受到影响；同时雨水淋洗花柱头液和花粉，影响昆虫授粉，也会造成授粉受精不能正常进行；长时间的连阴雨还会造成大量的落花落果，使坐果率降低，导致减产；油茶盛花期降水日数大于 13 d 会影响高产。

5.1.2 湖南低温连阴雨影响案例

（1）低温阴雨特征

2015 年 11—12 月湖南全省持续性多雨（图 5 - 1）。11 月平均降水量为 174.7 mm（1951—2015 年同期最高值），较常年同期偏多 1.6 倍，湘中以南地区偏多 2 倍以上，冷水滩、江华、临武、双牌、零陵、汝城、蓝山等 35 县（市）降水量突破当地有连续气象记录以来同期历史极值。11 月内共出现 4 次暴雨过程，分别在 7—8 日、11—12 日、16—17 日、19—20 日，常宁、桂东、双牌、江永、宜章、临武、郴州等 18 县（市）达到极端降水事件标准。11 月 7—18 日共 14 县（市）出现连阴雨天气，其中常宁、新田达到中度连阴雨标准。11 月 22—26 日省内 62 县（市）出现寒潮天气。12 月全省平均降水量 112 mm，较常年同期偏多 1.6 倍（增加量为 1951—2015 年同期第三高值），其中湘南地区偏多 2 倍以上，永兴、江华、宜章、汝城、炎陵等 15 县（市）降水量突破当地有连续气象记录同期历史极值。12 月 1—14 日省内大部分时段为阴雨天气，有 7 个县（市）出现连阴雨天气，其中绥宁、资兴达到中度连阴雨标准。

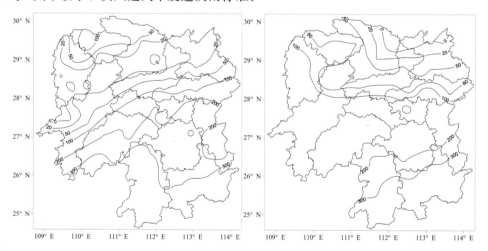

图 5 - 1　2015 年 11 月（图左）—12 月（图右）湖南省降水距平百分率分布图

2016 年 1 月 1—20 日，全省平均日照为 12.4 h，较常年同期偏少 28.5 h，上中旬共 40 县（市）出现连阴雨，其中新宁为重度连阴雨，桃江、安化、浏阳等 22 县（市）为中度连阴雨。1 月 20—24 日，受强冷空气影响，自北向南出现低温雨雪冰冻天气过程，全省极端日最低气温在 −8.1 ℃（平江）～−0.3 ℃（绥宁）之间，其中平江、汨罗、郴州等 7 县（市）极端日最低气温为 1981—2015 年间的第二低值，安化、长沙、茶陵等 11 县

（市）为第三低值。

（2）对油茶产量的影响

2015 年油茶花期遭遇多次低温阴雨天气过程，且降水强度大。2016 年 1 月下旬有受低温雨雪冰冻天气的影响，湖南大部分地区 2016 年油茶减产明显，25 个油茶测产点有 21 个测产点减产。其中 13 个油茶测产点减产 3 成以上，占所有测产点的 52％；8 个油茶测产点减产 5 成以上，占所有测产点的 32％（图 5-2）。

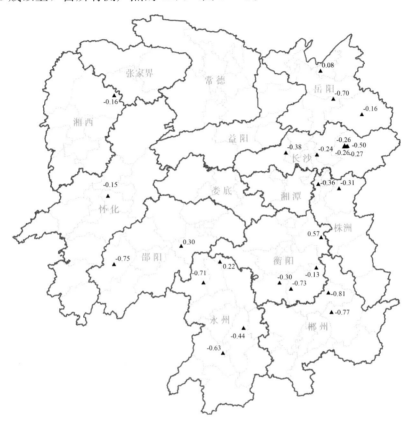

图 5-2　2016 年湖南省油茶测产样地增、减产率

5.2　高温干旱

5.2.1　文献摘录

（1）刘中新等[1]通过 2016—2017 年对湖北麻城市油茶落花落果观测发现，当 7 月最高气温≥35 ℃日数不足 10 d 或最高气温≥37 ℃日数不足 5 d，且有降水时，未产生落果（落蕾）；当 7 月最高气温≥35 ℃日数达到 10 d 以上或最高气温≥37 ℃日数达到 5 d 以上且无降水时，开始出现落果（落蕾）。湖北麻城市 2016 年最高气温≥35 ℃日数达 27 d，其中最高气温≥37 ℃日数达 12 d；2017 年 7 月最高气温≥35 ℃日数达 20 d，其中最高气温≥37 ℃日数达 8 d。2016 年、2017 年高温干旱导致的落果率分别为 10.0％、7.7％，2017 年高温落蕾数占初始花蕾总数比为 9.5％。

（2）郭文扬等[5]研究指出，油果增长和油脂转化需要较多水分，如果此时降水少、气温高，会造成果小油少，严重时还会引起落果，产量明显下降。

①盛夏7—8月降水量在250 mm以上时，有利于油茶高产，歉收年盛夏降水量不足250 mm。如金衢丘陵1970年7—8月降水量只有96.1 mm，比1969年同期降水量（276.4 mm）减少65%，1970年浙江中部丘陵地区油茶产量仅为1969年产量的53%，1969年油茶产量是上年产量的215%。

②夏秋8—9月最高气温≥35 ℃日数对油茶产量也有明显影响，丰年夏秋高温日数（<20 d）较少，歉年夏秋高温日数（≥20 d）较多。如1967年夏秋35 ℃以上高温日数达40 d，产量比上年下降49%。

（3）钟飞霞等[15]在高温少雨期通过干旱胁迫试验研究环境因子对油茶果径生长的影响发现，除中度干旱胁迫与浇后控水处理间果径生长量差异不显著外，其他各处理间果径生长量差异显著。试验进行10 d后重度干旱胁迫处理的果径出现负增长，20 d后浇后控水处理的果径生长减缓，30 d后重度干旱胁迫、浇后控水和自然状态处理的叶片出现暂时萎蔫发黄。相关性分析结果表明，果径生长量与土壤含水量、空气相对湿度呈正相关，与空气温度呈负相关。油茶果径生长对土壤水分、空气温度、空气相对湿度反应敏感，土壤含水量占田间持水量的80%～90%（轻度干旱胁迫处理）为油茶果实生长最佳土壤含水量。

（4）黎丽[16]指出，7月、8月是遂川县夏、秋交替时期，受太平洋副热带高压控制，天气炎热少雨，易出现伏秋干旱。1956年、1966年，干旱时间长达66～93 d，茶油产量分别比前一年减产30%、25%。

（5）左继林等[17]根据2004—2006年的8月—10月气象资料，分析了赣油茶24个优良无性系连续3年的鲜出籽率变化规律，其普遍表现为油茶生长初期高温多雨，则鲜出籽率下降；油茶生长中期气温、雨水、相对湿度波动不大，则鲜出籽率增长平缓，但若持续高温少雨，则鲜出籽率逐渐下降；油茶生长后期气温、雨水与相对湿度下降，鲜出籽率随之下降，但若气温下降、降水增多，鲜出籽率较快增长。

（6）王道藩[18]指出，油茶果实3月下旬—8月下旬以体积增长为主，特别是7月初—8月初，增长较快，8月中旬以后，果实体积增长基本停止，而转入重量增长和油脂转化过程。油果重量增长和油脂转化时期都需要较多的水分，如果此时雨水特少，即会造成果小油少。如1964年，常德、吉首、芷江、邵阳等县（市）7—9月降水量都较常年偏少，8月特少，加之上一年开花期的日照时数偏少，虽然上一年花期温暖，油茶仍减产20%～40%；茶陵和新宁等县（市）油茶花期日照时数超过200 h，8月降水为正距平，油茶增产20%左右。

（7）刘梅等[3]根据1986年作出的区划调查得出三江县8—9月降水量与油茶产量呈正相关。以8—9月降水量<220 mm为油茶秋旱指标，则三江县出现秋旱的频率为60%。

（8）赖英度等[19]根据巴马县油茶生长特性观测发现，春旱会加剧油茶落花落果，7月下旬—9月的高温干旱不利于油茶果实形成或致使果实形成不饱满。

（9）林葆威等[4]根据丽水地区的7月、8月的降水、蒸发、平均最高气温与油茶产量作了相关分析，指出油茶产量与8月的气候因子具有比较显著的相关性。如果7月、8月连续干旱，就会出现"七月干球、八月干油"的现象。夏季干旱会加剧油茶炭疽病所引起的夏季落果。夏季干旱不仅影响当年产量，也影响花蕾的形成和发育，引起落蕾。如1982

年丽水 8 月、9 月比较干旱，因而落蕾现象比较严重，造成当年减产严重。

（10）曹俊仪等[20]根据三江县油茶生长规律观察发现，油茶 7 月份果实重量增长最快，8 月上、中旬，果实大小基本定形，重量达到高峰，进入油脂转化期，8—10 月为油脂转化阶段，10 月中旬茶果基本成熟。7—9 月是产量形成及油脂转化的关键期，高温干旱使产量下降并影响出油率的提高，降水量不足是油茶产量大小年悬殊、含油量波动的主要原因。

（11）黎素娟等[21]根据凤山县 7 月、8 月气候与油茶产量的分析发现，当 7 月降水量＞310 mm（历年同期平均值）或降水日多于 22 d 时，后期油茶产量较高，反之则低；当 8 月降水量＜210 mm 时，当年油茶产量较高，反之则较低；当 9 月降水量＞120 mm（历年同期平均值）时，当年油茶产量较高，反之则较低。

（12）甘一忠等[22]分析指出，8 月下旬—10 月是油茶果实的油脂转化时期，是油茶产量和质量形成的重要阶段。过高的温度和过多或过少的降水日数不利于油茶产量的形成。

5.2.2 湖南高温干旱影响案例

（1）高温干旱特征

2013 年 6 月 29 日—8 月 19 日湖南出现有气象记录以来范围最广、强度最强的高温天气过程（图 5-3），全省平均过程高温日数为 35.1 d，高温最长持续时间为 48 d，极端最高气温 43.2 ℃［近 60％的县（市）极端最高气温≥40.0 ℃］。45.4％的县（市）高温持续时间、55.7％的县（市）高温过程强度、56.7％的县（市）日最高气温≥37 ℃日数、58.8％的县（市）日最高气温≥40 ℃日数、48.5％的县（市）过程最高气温破当地有气象记录以来的最高纪录（表 5-1）。8 月 24 日—30 日，湖南再次出现高温热浪天气，最长高温时间 6 d，有 21 县（市）出现轻度高温热害。因高温少雨，6 月 29 日—8 月 19 日全省 96.9％的县（市）出现气象干旱（图 5-4），其中重旱等级以上县（市）占比最高达 71.1％，特旱等级县（市）占比为 40.2％（特旱区主要位于邵阳、怀化、衡阳、娄底及郴州北部），特旱持续时间较长，但强度的极端性不强（表 5-2）。

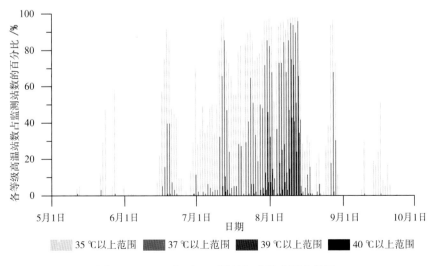

图 5-3 2013 年逐日不同等级高温范围变化图

**表 5-1　2013 年 6 月 29 日—8 月 19 日高温指标达极端事件标准图
和破气象记录的县（市）分布图（灰色部分）列表**

项目	高温持续时间	高温过程强度	过程最高气温	37 ℃以上高温日数	40 ℃以上高温日数
高温指标达极端事件标准图					
破气象记录的县（市）分布图					

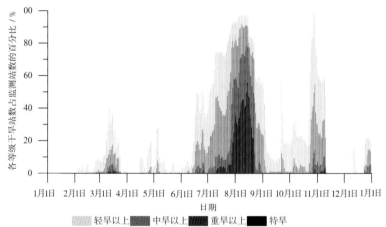

图 5-4　2013 年逐日不同等级气象干旱范围变化图

**表 5-2　2013 年 6 月 29 日—8 月 19 日气象干旱指标达极端事件标准图
和破气象记录的县（市）分布图（灰色部分）列表**

项目	干旱持续时间	中旱以上持续时间	重旱以上持续时间	特旱持续时间	干旱强度	干旱峰值
干旱指标达极端事件标准图						
破气象记录的县（市）分布图						

（2）高温干旱的影响

受高温干旱影响，2013 年湖南省大部分地区油茶减产明显，22 个油茶测产地有 16 个减产，其中 9 地减产 3 成以上，占所有测产点的 40.9%；6 个测产地减产 5 成以上，占所有测产点的 27.3%（图 5-5）。2013 年共对 9 个油茶基地开展鲜果含油率检测，平均鲜果含油率为 4.3%，为 2009—2017 年最低（图 5-6），9 个基地只有 1 个基地鲜果含油率达 6.6%，其余均在 4.7% 以下，其中有 2 地低于 3.4%。

图 5-5   2013 年湖南省测产样地增、减产率分布图

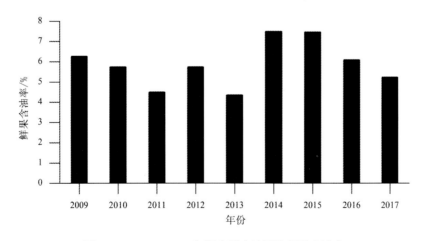

图 5-6   2009—2017 年湖南测产地平均鲜果含油率

5.3 极端低温雨雪冰冻

5.3.1 文献摘录

（1）黄志松[23]分析安庆油茶花期气候条件与产量的关系提到，1995年油茶盛花期遭低温寒潮，1996年油茶即出现了大幅度减产。安庆北部花期遭遇连续7天霜冻，日平均气温为5.4℃，次年油茶籽产量只有上年度的48.7%。

（2）金笑龙等[24]分析指出，低温是影响安徽省油茶低产的重要因素之一，如2008年1月10日—2月6日，安徽省连续5次全省性的降雪，持续时间长达28 d，而2009年11月又出现降雪过早的现象，由于大部分地区油茶还处在盛花后期或末花前期，这致使一些晚花单株的花芽冻死、花器官褐化，严重影响全省油茶的产量与质量。

（3）黎丽[16]研究发现，霜冻主要影响油茶开花授粉和幼果着落（终霜）。初霜来得早、终霜来得晚、有霜期长不利于油茶产量的提高。遂川县平原、丘陵地区初霜一般在12月初，终霜在2月中旬，有霜期80 d左右。有的年份有霜期达100 d，如1962年初霜日为11月24日，终霜日为1963年3月3日，这致使当年油茶大量落花、落果，成为遂川县油茶产量历史最低年份（仅30.5万kg）。

（4）黎章矩等[9]通过观测霜冻对油茶的影响发现，在1978年11月29日及1979年1月13日—14日第一次严重霜冻（最低气温在0℃以下）后，油茶受害主要表现在：许多受冻花朵无力开放，呈萎蔫状态，无法接受异花授粉，同时由于花柱冻死，即使柱头上仍有少量花粉发芽，也因冻死的花柱阻隔，花粉管无法到达胚珠；而未开放的花苞经几次霜冻后，往往大量脱落。1979年有些晚花单株落蕾率占整个花蕾数的67%~84%。

（5）中国农林科学院安吉科技队[25]开展1976年油茶大幅度减产原因分析得出，安吉县1975年油茶花蕾发育后期气温持续偏高，花期延迟，而当年初霜较常年提早，导致盛花期与初霜相遇，气温低且有霜冻，传粉媒介少，造成花而不实，坐果率低，所以1976年油茶产量大幅度下降。

5.3.2 湖南极端低温雨雪冰冻影响案例

5.3.2.1 低温雨雪冰冻影响案例

（1）低温雨雪冰冻特征

2008年1月12日—2月8日，湖南遭受新中国成立后最严重的低温雨雪冰冻天气，全省冰冻过程持续时间28 d，74县（市）达到重度冰冻标准，71县（市）连续冰冻日数刷新或平当地最长日数纪录；此次过程全省日平均气温≤0℃的最长连续日数为23 d，93县（市）达到严寒期标准，59县（市）刷新或平当地最长连续严寒日数记录；全省平均降水量较历年同期偏多近六成，过程雨雪日数、过程积雪日数、最大积雪深度均为1951—2015年的第三高值。

（2）低温雨雪冰冻天气的影响

受其影响，12个测产地有7个测产地减产（图5-7），减产区主要位于湘中地区和永州地区。

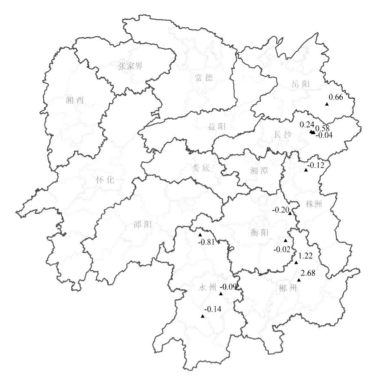

图 5 - 7　2009 年湖南省测产样地增、减产率分布图

5.3.2.2　秋季最早的大范围雨雪冰冻天气

（1）低温雨雪冰冻特征

2009 年 10 月 28 日—12 月 20 日（湖南油茶开花关键时段），湖南全省平均气温为 10.0 ℃，较常年偏低 1.4 ℃。全省平均最低气温为 6.9 ℃，较常年偏低 1.2 ℃（图 5 - 8）。其中 2009 年 11 月 8 日—20 日受强冷空气影响，48 小时最大降温为 10.7~22.7 ℃，平均降温幅度为 17.1 ℃，并于 11 月 14 日—17 日出现雨雪冰冻天气（为新中国成立以后秋季出现时间最早的大范围雨雪冰冻天气），48 个县（市）过程极端最低气温达到 0 ℃或以下。12 月 6 日—16 日又出现大范围、长时间的低温阴雨天气，过程降温幅度达 11.4 ℃，日平均气温降至 3.9 ℃。全省 77 个县（市）出现 7 d 及以上的低温连阴雨天气，32 个县（市）低温阴雨日数达 10 d 以上。

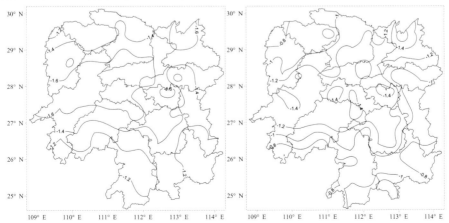

图 5 - 8　2009 年湖南省油茶花期关键时段平均气温距平（左）和最低气温距平（右）

（2）对油茶产量的影响

2009年油茶花期遭遇低温雨雪冰冻天气，全省大部地区油茶减产。受其影响，2010年17个油茶测产地有16个减产，其中13个油茶测产地减产3成以上，占所有测产点的76.5%；11个油茶测产地减产5成以上，占所有测产点的64.7%（图5-9）。

图5-9　2010年湖南省测产样地增、减产率分布图

参考文献

[1] 刘中新，周汝宝，陶列，等. 引起鄂东北油茶落花落果的气象灾害研究 [J]. 中低纬山地气象，2019，43（02）：34-38.

[2] 郭水连，郭亮，郭卫平. 气候对油茶产量的影响研究 [C] //S10气象与现代农业发展2012年.

[3] 刘梅，刘永裕. 三江县油茶生产的气候适应性分析 [J]. 气象研究与应用，2007，28（S1）：90-91，94.

[4] 林葆威，周蕾芝. 丽水县油茶产量的气候分析 [J]. 浙江气象，1983（3）：38-41.

[5] 郭文扬，汪铎. 浙江中部丘陵地区油茶产量气候分析 [J]. 中国农业气象，1987（2）：31-34.

[6] 谢培雄. 气候因子与油茶产量的关系 [J]. 湖南林业科技，1984（3）：21-23.

[7] 李遂夫. 气候与油茶结实大小年关系探讨 [J]. 湖南林业科技，1979（6）：25-28.

[8] 彭清莲，郭友德，张丽. 油茶产量与气象条件的相关分析及其预报方法 [J]. 气象与

减灾研究，1998，21（2）：27-29，31.

[9] 黎章矩，汪孝廉，吴德晔. 气候条件与油茶开花结果关系的研究 [J]. 浙江农林大学学报，1981（2）：1-11.

[10] 黎章矩. 油茶开花习性几个问题的研究 [J]. 浙江农业科学，1987（3）：120-124，149.

[11] 黎章矩，曾燕如，戴文圣. 油茶低产低效的内外影响因子调查 [J]. 林业工程学报，2009，23（5）：26-31.

[12] 曾燕如，黎章矩，戴文圣. 油茶开花习性的观察研究 [J]. 浙江农林大学学报，2009，26（6）：802-809.

[13] 曾燕如，黎章矩. 油茶花期气候对花后坐果的影响 [J]. 浙江农林大学学报，2010，27（3）：323-328.

[14] 蒋元华，廖玉芳. 油茶气象影响指标研究综述 [J]. 中国农学通报，2015，31（28）：179-183.

[15] 钟飞霞，王瑞辉，廖文婷，等. 高温少雨期环境因子对油茶果径生长的影响 [J]. 经济林研究，2015，33（1）：50-55.

[16] 黎丽. 遂川县油茶种植气候区划及生产建议 [J]. 现代农业科技，2009（24）：281，284.

[17] 左继林，徐林初，龚春，等. 油茶无性系鲜出籽率变化规律与气候因子关系 [J]. 林业工程学报，2009，23（5）：60-64.

[18] 王道藩. 湖南省丘陵山地油茶气候资源的研究 [J]. 中国农业气象，1983（2）：11-13.

[19] 赖英度，陈锡勤，黄子芹. 巴马县油茶种植的气候条件分析 [J]. 气象研究与应用，2009，30（3）：57-59.

[20] 曹俊仪，韦祖明，黄小枝. 气候条件对油茶籽含油量、出油率的影响 [J]. 南方农业学报，1984（4）：36-38.

[21] 黎素娟，刘作章. 油茶产量与气象条件关系的初步探讨 [J]. 广西林业科学，1981（3）：40-44.

[22] 甘一忠，刘流. 用聚类分析方法作油茶产量的气象条件分析及预报 [J]. 气象研究与应用，1983（4）：28-32.

[23] 黄志松. 油茶生长发育与生态环境关系剖析 [J]. 安徽林业科技，2009（4）：45-46.

[24] 金笑龙，肖正东，陈素传，等. 安徽省大别山油茶选优研究 [J]. 林业工程学报，2011，25（3）：22-26.

[25] 中国农林科学院安吉科技队，浙江安吉县气象站. 1976年油茶大幅度减产原因的分析 [J]. 气象科技，1978（4）：33.

6 油茶种植气候适宜性区划

6.1 油茶种植气候适宜性指标与区划

6.1.1 油茶种植气候适宜性区划指标研究文献摘录

（1）黄志伟等[1]在全国油茶适宜发展的 14 个省区选取了 38 个油茶主栽区县和 12 个国家油茶良种基地，采取主成分分析和聚类分析方法，分析得出油茶引种的主要气候限制因子是年平均气温、10—11 月平均气温、无霜期、最冷月均温、日平均气温≥10 ℃积温和极端最低气温。

（2）王莹等[2]在研究广西河池市气候条件与油茶生长发育关系的基础上，筛选出了年平均气温、最冷月平均气温、最热月平均气温、盛花期平均气温、日平均气温≥10 ℃积温及 8—9 月降水量 6 个气候因子，作为油茶种植气候适宜度区划因子。

（3）付瑞滢等[3]根据西南区油茶的生物学特性，在进行不同海拔油茶气候适宜性初分析的基础上，选取多年平均气温、日平均气温≥10 ℃的活动积温、花芽分化期平均气温、盛花期平均气温、最冷月平均气温、年降水量、果实生长关键期降水量、盛花期降水量、盛花期降水日数、年平均相对湿度、年日照时数等 11 个影响铜仁市油茶产量的关键气候因子，根据油茶适合生长的气候指标开展隶属度分析，遴选出年平均气温、最冷月平均气温、年降水量作为该市油茶气候适宜性区划的指标。

（4）马帅兵等[4]选用年均温、日平均气温≥10 ℃积温、年降水量、海拔、坡度等指标开展贵州省油茶的生态适宜性评价及种植区划。

（5）林少韩等[5]基于油茶生长对环境条件的需求，在充分分析兴宁市气候、地形、土壤条件的基础上，提出油茶种植综合区划指标为 4 个气候因子（10—12 月平均温度、1 月平均气温、7 月平均气温、8—9 月平均降水量）、3 个地形因子（海拔高度、坡度、坡向）、3 个土壤因子（有机质、pH、全氮），采用层次分析法和加权指数求和法，建立油茶种植的综合区划评估模型；基于 GIS 技术开展兴宁市油菜种植适宜性精细化区划。

（6）刘永裕等[6]根据红花大果油茶生长发育对光温水条件的要求，并结合该品种在柳州栽培实际情况，选择对油茶产量影响较大的年日照、11 月—翌年 1 月日照、11 月—翌年 1 月平均气温、11 月—翌年 1 月降水日数、8—9 月降水量等 5 个气候因子，全为划分红花果油茶适宜种植区的农业气候区划因子。

（7）黄志伟等[7]通过对我国 29 个油茶主栽区和 12 个国家油茶良种基地的年平均气温、极端最高气温等 11 个气候指标进行主成分分析和聚类分析，筛选出影响油茶生产的主要气候因子。结果表明，影响重庆市油茶栽培的最重要气候因子为热量因子，即年均气温、11—12 月平均气温、无霜期、最冷月平均气温、日平均气温≥10 ℃有效积温和极端最低温；其次为日照时数、年降水量、最热月平均气温等水分和光照因子。

（8）黎丽[8]通过分析遂川县油茶生长的利弊气候条件，找出油茶生长的关键气候指标，并据此确定的油茶生长气候区划指标为5—6月旬平均气温、旬降水量、旬日照时数；5月上、中旬旬平均气温、旬降水量、旬日照时数；7月上旬—9月上旬日最高气温≥35℃日数；7—9月总降水量；9月下旬—10月中旬旬平均气温；气温日较差；11月上、中旬旬平均气温；总日照时数、总降水量。

（9）赖晓玲等[9]采用日平均气温≥10℃活动积温、1月平均气温两项指标开展龙南县油茶种植气候区划。

（10）李贵琼等[10]采用年平均气温、10月平均气温、年降水量、年日照时数指标开展六盘水市红花油茶种植气候精细化区划。

（11）杨益等[11]采用年平均气温、年降水量、7—9月平均气温、7—9月降水量、9月平均气温、9月降水量等指标开展贵州省黎平县油茶气候适宜性区划。

6.1.2 油茶种植气候适宜性区划指标与区划模型

6.1.2.1 潜在气候因子

依据相关研究文献，确立以下因子为全国油茶种植气候适宜性区划潜在因子。

①高程（dem）；②1月平均气温（1monthTave）；③气温日较差（rangT）；④15℃以上积温（cumt15）；⑤年降水量（rraccu）；⑥年降水日数（rdaccu）；⑦年最长连续无降水日数（rncont）；⑧年日照时数（suaccu）；⑨年有日照日数（sunday）；⑩年平均相对湿度（rhmean）；⑪日最低气温≤－7℃日数（tndf07）；⑫日最高气温≥35℃日数（Tmad35）；⑬日最高气温≥37℃日数（Tmad37）；⑭日最高气温≥39℃日数（Tmad39）；⑮日最高气温≥40℃日数（Tmad40）。

将15个潜在环境气候因子，整理成ASCII数据格式（数据分辨率为$0.025°×0.025°$），并将其作为最大熵模型的环境变量层输入；将全国油茶种植区站点分布地理信息整理成CSV格式，作为最大熵模型的训练样本数据。

6.1.2.2 模型模拟精度检验

选中"Create response curves"选项，其他选项采用模型的默认设置，构建油茶种植区潜在分布的最大熵模型。

通常选用的MaxEnt模型中精度检验，主要采用受试者操作特征曲线（receiver operating characteristic curve，ROC）来评估模型模拟的准确性。AUC值（area under curve，AUC）即ROC曲线所包含的面积，是以假阳性率（1—特异度）为横坐标，以真阳性率即灵敏度（1—遗漏率）为纵坐标绘制的ROC曲线。AUC值越大则表明预测效果越好，反之则模型预测结果较差，取值范围为0～1。给定的AUC值的评价标准：0.5～0.6（Fail），0.6～0.7（Poor），0.7～0.8（Fair），0.8～0.9（Good），0.9～1（Excellent）。ROC曲线绘制及AUC具体计算由最大熵模型直接输出。

通过模型模拟结果表明：选取的15个潜在环境因子的最大熵模型的AUC值为0.952（图6-1），参照模型的评判标准，模拟结果非常好，表明所建立的模型适用于全国油茶种植区潜在分布模拟。

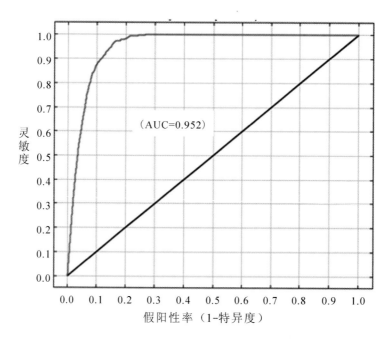

图 6-1　基于潜在气候因子的全国分油茶种植分布模拟结果的 AUC 值

6.1.2.3　主导气候因子筛选

影响作物生长发育是多个因子综合作用的结果，但在一定条件下，必有起关键作用的主导因子，因此通过 MaxEnt 模型提取影响油茶种植的主导气候因子，来揭示气候变化对油茶种植的影响。在筛选出主导气候因子的基础上，重建全国油茶种植区潜在分布的最大熵模型，并进行模拟结果精度评价。表 6-1 给出了 4 个气候因子对全国油茶种植区潜在分布的贡献百分率和累计贡献百分率。按照贡献百分率由大到小排序依次为 1 月平均气温 （58.6%）、高程（11.9%）、日最低气温≤−7 ℃日数（11.9%）、日最高气温≥40 ℃日数 （5.4%）以及 10 ℃活动积温（3.3%）。一般认为，累积贡献率超过 85%，且其后某一因子的贡献率低于 5% 时不再累积，累积因子反映了主导因子。因此，根据模型模拟的结果，可以认为 1 月平均气温（58.6%）、高程（11.9%）、日最低气温≤−7 ℃日数（11.9%）、日最高气温≥40 ℃日数（5.4%）为油茶种植区潜在分布的主导气候因子。

表 6-1　影响油茶种植区的气候因子的贡献率　　　　单位：%

气候因子	贡献百分率	累计贡献百分率
1 月平均气温	58.6	58.6
高程	11.9	70.5
日最低气温≤−7 ℃日数	11.9	82.4
日最高气温≥40 ℃日数	5.4	87.8

根据确认的 4 个影响油茶种植分布的主导气候因子，通过 MaxEnt 模型重新构建油茶种植潜在分布模拟模型。其 AUC 值达 0.943（图 6-2），模拟结果的准确性达到非常好的标准，表明基于筛选的主导气候因子构建的模型可用于全国油茶种植区潜在分布模拟。

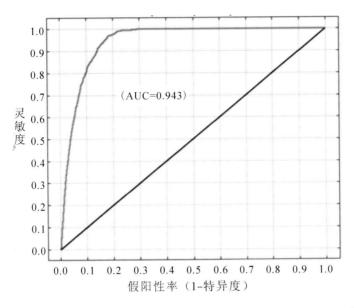

图 6-2 基于主导气候因子的全国油茶种植分布模拟结果的 AUC 值

6.1.3 全国油茶气候适宜性分布

利用 MaxEnt 模型和影响全国油茶种植区分布的 4 个主导气候因子，模拟出全国油茶气候适宜性分布结果（图 6-3）。

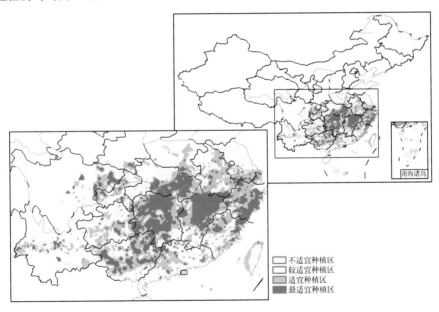

图 6-3 全国油茶气候适宜性分布图

（1）最适宜区：主要分布于湖南、江西的大部分地区，湖北、安徽、广西、福建的部分地区。上述地区地势平坦、降水充足、温度适宜，是最早种植油茶的地区，其最适宜面积约为 7.94×10^8 亩，占油茶最适宜区总面积的 66.54 %。

（2）适宜区：分布在湖南、江西、贵州、安徽、云南、浙江、福建等低山丘陵地区、

101

中低山峡谷，浙江中西丘陵地区。该区域受一些轻微限制因素的影响，通常相对湿度较低，地势起伏略大，但也是油茶产区的重要组成部分，其适宜区面积约为 9.0×10^8 亩，占油茶适宜区总面积的 92.54 %。

（3）较适宜区：分布于云南、河南、陕西南部、四川西北部等地区，较适宜面积约为 1.36×10^5 亩，占油茶较适宜区总面积的 28.67 %。同时在这一区域中，适宜和较适宜条件均存在，需对具体区域作进一步精确评价，是种植潜力较大和开发利用价值较高的区域。

（4）不适宜区：除了以上三个区划之外的地区，分布于东北三省地区，新疆、西藏、内蒙古、北京、河北、山东、山西等地区。该区域各项指标条件受限制较大，油茶生长环境较差，均不适宜油茶种植。

6.2　湖南油茶高产气候区划

6.2.1　区划指标

本书采用以下指标和方法开展湖南省茶油高产气候区划。

6.2.1.1　区划指标分析

依据 4.1.2.2 节给出的影响油茶产量的关键气候指标，开展代表性、独立性分析。

（1）春梢萌动期气候指标

为表述方便，将春梢萌动期最长连续降水日数、累积降水量、关键时段累积降水量、关键时段有日照日数分别用代码 ph3_1、ph3_2、ph3_2_key、ph3_3_key 表示。

春梢萌动期最长连续降水日数气候值（30 年平均值，下同）为 4～8.2 d，呈东南向西北递减的分布趋势；按春梢萌动期最长连续降水日数≤4 d 为高产条件，出现频率为 0.13～0.67，呈东南向西北递增分布。

春梢萌动期累积降水量气候值为 30～120 mm，呈东南多西北少的分布趋势；累达高产条件的频率为 0～0.73，呈东低西高的分布趋势。

春梢萌动期关键时段累积降水量气候值为 25～90 mm，呈东南多西北少的分布趋势；高产条件出现频率为 0～0.7，呈东低西高的分布趋势。

春梢萌动期关键时段有日照日数气候值为 9.1～10.7 d，呈西多东少的分布趋势；高产条件出现频率为 0.37～0.6，高值区出现在洞庭湖区和湘中北部地区。

表 6-2 为春梢萌动期各关键指标高产条件出现频率的空间相关系数。由表可知，春梢萌动期累积降水量和春梢萌动期关键时段累积降水量为空间高相关性的两个指标，可选择关键时段指标春梢萌动期关键时段累积降水量作为入选区划指标（下同）。综合考虑，选择春梢萌动期关键时段累积降水量和春梢萌动期关键时段有日照日数作为油茶高产区划的备选因子。

表 6-2　春梢萌动物候期指标高产条件出现频率的空间相关系数（ACC）

	ph3_1	ph3_2	ph3_2_key	ph3_2_key
ph3_1	1			
ph3_2	0.538404	1		
ph3_2_key	0.51521	0.864863	1	
ph3_3_key	−0.02762	−0.52508	−0.45112	1

（2）花芽成熟期气候指标

将花芽成熟期日平均气温≥0 ℃积温、关键时段日平均气温≥0 ℃积温、平均最高气温、关键时段平均最高气温分别用代码 ph8 _ 1、ph8 _ 1 _ key、ph8 _ 2、ph8 _ 2 _ key 表示。

花芽成熟期日平均气温≥0 ℃积温气候值为 425～873 ℃·d；呈东高西低的分布趋势，高产条件出现频率为 0～1，呈东低西高、南低北高的分布趋势。

花芽成熟期关键时段日平均气温≥0 ℃积温气候值为 358～712 ℃·d，呈东高西低的分布趋势；高产条件出现频率为 0.46～1，全省大部出现频率为 1，低值出现在湘东南地区。

花芽成熟期平均最高气温气候值为 15.4～28.0 ℃，呈东高西低、南高北低的分布趋势；高产条件出现频率为 0～1，呈东低西高、南低北高的分布趋势。

花芽成熟期关键时段平均最高气温气候值为 16.2～28.4 ℃，同样呈东高西低、南高北低的分布趋势；高产条件出现频率为 0～1，呈东低西高、南低北高的分布趋势。

表 6 - 3 为花芽成熟期各关键指标高产条件出现频率的空间相关系数。由表可知，四个指标的空间相关程度都很高，即分布趋势一致。花芽成熟期关键时段平均最高气温指标与其他指标的空间相关系数较大，且能体现高产条件出现频率在全省的层次差异，因此考虑选择花芽成熟期关键时段平均最高气温作为该物候期油茶高产区划的备选因子。

表 6 - 3　花芽成熟期气候指标高产条件出现频率的空间相关系数

	ph8 _ 1	ph8 _ 1 _ key	ph8 _ 2	ph8 _ 2 _ key
ph8 _ 1	1			
ph8 _ 1 _ key	0.8347	1		
ph8 _ 2	0.9097	0.7674	1	
ph8 _ 2 _ key	0.9050	0.6941	0.9625	1

（3）开花期气候指标

将开花期平均最高气温、关键时段平均最高气温、有日照日数、关键时段有日照日数、日最低气温≤0 ℃日数、冰冻日数、降水日数、关键时段降水日数分别用代码 ph9 _ 1、ph9 _ 1 _ key、ph9 _ 2、ph9 _ 2 _ key、ph9 _ 3、ph9 _ 4、ph9 _ 5、ph9 _ 5 _ key 表示。

开花期平均最高气温气候值为 8.3～19.9 ℃，呈东高西低、南高北低的分布趋势；高产条件出现频率为 0～1，除湘东南外全省大部分地区频率在 0.3 以下。

开花期关键时段平均最高气温气候值为 8.3～19.5 ℃，呈东高西低、南高北低的分布趋势；高产条件出现频率为 0～1，除湘东南的部分地区外全省大部分地区频率在 0.3 以下。

开花期有日照日数气候值为 43.4～57.6 d，呈东多西少的分布趋势；高产条件出现频率为 0～0.51，同样呈东高西低的分布趋势。

开花期关键时段有日照日数气候值为 25.6～33.2 d，呈东多西少的分布趋势；高产条件出现频率为 0～0.32，同样呈东高西低的分布趋势。

开花期日最低气温≤0 ℃日数气候值为 1.8～39.5 d，湖南南部及洞庭湖区日数较少，海拔较高地区日数较多；高产条件出现频率为 0～0.7，湘东南为高值区。

开花期冰冻日数气候值为 2.4～5.5 d，呈北多南少分布趋势；高产条件全省出现频率都较低，为 0.24～0.39。

开花期降水日数气候值为 23.4～41.1 d，呈西多东少分布趋势；高产条件出现频率为 0～0.87，呈东高西低的分布趋势，湘东南南部和洞庭湖区北部为高值区。

开花期关键时段降水日数气候值为 13.2～22.6 d，呈西多东少分布趋势；高产条件出现频率为 0～0.67，呈东高西低的分布趋势，湘东南南部和洞庭湖区北部为高值区。

表 6-4 为开花期各关键指标高产条件出现频率的空间相关系数。由表可知，开花期有日照日数与开花期平均最高气温的空间相关系数较大，开花期平均最高气温高产条件出现频率在全省分布层次差异较大，因此建议选取开花期平均最高气温；开花期日最低气温≤0 ℃日数和开花期冰冻日数指标的意义类似，从空间分布来看，建议选取开花期日最低气温≤0 ℃日数；对比开花期降水日数和开花期关键时段降水日数两个指标，选取开花期降水日数。综合考虑，选开花期平均最高气温、开花期日最低气温≤0 ℃日数和开花期降水日数作为油茶高产区划的备选因子。

表 6-4　开花期气候指标高产条件出现频率的空间相关系数

	ph9_1	ph9_1_key	ph9_2	ph9_2_key	ph9_3	ph9_4	ph9_5	ph9_5_key
ph9_1	1							
ph9_1_key	0.9539	1						
ph9_2	0.4739	0.4231	1					
ph9_2_key	0.2524	0.2182	0.9326	1				
ph9_3	0.5324	0.5372	0.0913	−0.0127	1			
ph9_4	−0.0436	−0.0383	−0.5146	−0.6513	0.1605	1		
ph9_5	0.4840	0.4413	0.5562	0.4607	0.4635	−0.1164	1	
ph9_5_key	0.2334	0.1887	0.5580	0.5479	0.3328	−0.2615	0.8066	1

（4）果实第一次膨大期气候指标

将果实第一次膨大期平均气温日较差、关键时段平均最高气温、降水日数分别用代码 ph10_1、ph10_2_key、ph10_3 表示。

果实第一次膨大期平均气温日较差气候值为 6.1～8.8 ℃，呈东西高中间低的分布趋势；高产条件出现频率为 0～0.57，全省大部分地区频率在 0.3 以下。

果实第一次膨大期关键时段平均最高气温气候值为 7.2～17.6 ℃，呈东南向西北递减的分布趋势；高产条件出现频率为 0～1，呈东南向西北递增的分布趋势。

果实第一次膨大期降水日数气候值为 27～43 d，呈东南向西北递减的分布趋势；高产条件出现频率为 0～0.8，同样呈东南向西北递减的分布趋势。

表 6-5 为果实第一次膨大期各关键指标高产条件出现频率的空间相关系数。由表可知，三个指标同质化程度不高，考虑选择果实第一次膨大期平均气温日较差、果实第一次膨大期关键时段平均最高气温和果实第一次膨大期降水日数作为区划备选因子。

表 6-5　果实第一次膨大期气候指标高产条件出现频率的空间相关系数

	ph10_1	ph10_2_key	ph10_3
ph10_1	1		
ph10_2_key	−0.1479	1	
ph10_3	0.1764	−0.1889	1

（5）果实膨大高峰期气候指标

将果实膨大高峰期平均最高气温、关键时段平均最高气温、关键时段日平均气温≥0 ℃

积温、日最高气温≥35 ℃日数、关键时段日最高气温≥35 ℃日数、平均气温日较差、关键时段平均气温日较差、平均相对湿度分别用代码 ph11＿1、ph11＿1＿key、ph11＿2＿key、ph11＿3、ph11＿3＿key、ph11＿4、ph11＿4＿key、ph11＿5 表示。

果实膨大高峰期平均最高气温气候值为 19.6～33.6 ℃，呈东南向西北递减的分布趋势；高产条件出现频率为 0～0.53，除湘东南部分地区外，全省大部分地区频率在 0.3 以下。

果实膨大高峰期关键时段平均最高气温气候值为 18.9～32.2 ℃，呈东南向西北递减的分布趋势；高产条件出现频率为 0～0.47，除湘东南部分地区外，全省大部分地区频率在 0.3 以下。

果实膨大高峰期关键时段日平均气温≥0 ℃积温气候值为 523.5～940.4 ℃·d，呈东南向西北递减的分布趋势；高产条件出现频率为 0～0.77，同样呈东南向西北递减的分布趋势。

果实膨大高峰期日最高气温≥35 ℃日数气候值为 0～28.2 d，呈东南向西北递减的分布趋势；高产条件出现频率为 0.13～1，除湘东南部分地区外，全省大部分地区频率在 0.6 以上。

果实膨大高峰期关键时段日最高气温≥35 ℃日数气候值为 0～9.3 d，呈东南向西北递减的分布趋势；高产条件出现频率为 0～1，分布趋势与果实膨大高峰期日最高气温≥35 ℃日数基本一致，但层次更加分明。

果实膨大高峰期平均气温日较差气候值为 5.1～10.4 ℃，呈东西高中间低的分布趋势；高产条件出现频率为 0～1，同样呈东西高中间低的分布趋势。

果实膨大高峰期关键时段平均气温日较差气候值为 4.8～9.7 ℃，呈东西高中间低的分布趋势；高产条件出现频率为 0～1，同样呈东西高中间低的分布趋势。

果实膨大高峰期平均相对湿度气候值为 70.2%～89.8%，呈北高南低的分布趋势；高产条件出现频率为 0～0.57，全省大部分地区在 0.3 以下，呈南高北低的分布趋势。

表 6-6 为果实膨大高峰期各关键指标高产条件出现频率的空间相关系数。由表可知，果实膨大高峰期平均最高气温和果实膨大高峰期关键时段日平均气温≥0 ℃积温存在较高的空间正相关性，从空间分布层次考虑，选取果实膨大高峰期关键时段日平均气温≥0 ℃积温作为备选指标；果实膨大高峰期日最高气温≥35 ℃日数和果实膨大高峰期关键时段日最高气温≥35 ℃日数从空间分布层次的角度考虑选取果实膨大高峰期关键时段日最高气温≥35 ℃日数；果实膨大高峰期平均气温日较差和果实膨大高峰期关键时段平均气温日较差从空间分布层次的角度考虑选取果实膨大高峰期关键时段平均气温日较差。综合考虑，选择果实膨大高峰期关键时段日平均气温≥0 ℃积温、果实膨大高峰期关键时段日最高气温≥35 ℃日数、果实膨大高峰期关键时段平均气温日较差和果实膨大高峰期平均相对湿度作为该物候期油茶高产区划的备选因子。

表 6-6 果实膨大高峰期气候指标高产条件出现频率的空间相关系数

	ph11＿1	ph11＿1＿key	ph11＿2＿key	ph11＿3	ph11＿3＿key	ph11＿4	ph11＿4＿key	p11＿5
ph11＿1	1							
ph11＿1＿key	0.8835	1						
ph11＿2＿key	0.8663	0.8735	1					
ph11＿3	−0.8661	−0.8884	−0.9067	1				
ph11＿3＿key	−0.7945	−0.8438	−0.8988	0.9287	1			
ph11＿4	0.0999	0.0114	−0.1695	0.0518	0.0741	1		
ph11＿4＿key	0.1850	0.1340	−0.0782	−0.0843	−0.0902	0.8961	1	
ph11＿5	0.3865	0.2968	0.2701	−0.2162	−0.1382	−0.0264	−0.0336	1

（6）油脂转化和积累高峰期气候指标

将油脂转化和积累高峰期关键时段平均最低气温、日平均气温≥15 ℃积温、日最高气温≥35 ℃日数分别用代码 ph12_1_key、ph12_2、ph12_3 表示。

油脂转化和积累高峰期关键时段平均最低气温气候值为 8.1~18.9 ℃，呈东南向西北递减的分布趋势；高产条件出现频率为 0~1，呈东南向西北递增的分布趋势。

油脂转化和积累高峰期日平均气温≥15 ℃积温气候值为 454.4~1935.8 ℃·d，呈东高西低的分布趋势；高产条件出现频率为 0~1，呈东南向西北递增的分布趋势。

油脂转化和积累高峰期日最高气温≥35 ℃日数气候值为 0~14 d，呈东高西低的分布趋势；高产条件出现频率为 0~1，呈东南向西北递增的分布趋势。

表 6-7 为油脂转化和积累高峰期各关键指标高产条件出现频率的空间相关系数。由表可知，三个指标都属于气温类指标，存在较高的空间相关性，考虑选择油脂转化和积累高峰期日最高气温≥35 ℃日数作为该物候期油茶高产区划的备选因子。

表 6-7　油脂转化和积累高峰期指标高产条件出现频率的空间相关系数

	ph12_1_key	ph12_2	ph12_3
ph12_1_key	1		
ph12_2	0.8531	1	
ph12_3	0.8315	0.8350	1

（7）果实成熟期气候指标

将果实成熟期关键时段平均最低气温、最长连续无日照日数、关键时段最长连续无日照日数、关键时段平均气温日较差分别用代码 ph13_1_key、ph13_2、ph13_2_key、ph13_3_key 表示。

果实成熟期关键时段平均最低气温气候值为 6.4~17.0 ℃，呈东南向西北递减的分布趋势；高产条件出现频率为 0~1，呈东南向西北递增的分布趋势。

果实成熟期最长连续无日照日数气候值为 5.7~7.6 d，呈西多东少的分布趋势；高产条件出现频率为 0~0.32，呈西低东高的分布趋势，全省大部分地区频率在 0.3 以下。

果实成熟期关键时段最长连续无日照日数气候值为 3.3~5.7 d，呈西多东少的分布趋势；高产条件出现频率为 0~0.45，呈西低东高的分布趋势，全省大部分地区频率在 0.4 以下。

果实成熟期关键时段平均气温日较差气候值为 6.1~11.2 ℃，呈南高北低的分布趋势；高产条件出现频率为 0~0.8，呈南高北低的分布趋势。

表 6-8 为果实成熟期各关键指标高产条件出现频率的空间相关系数。由表可知，果实成熟期最长连续无日照日数和果实成熟期关键时段最长连续无日照日数呈空间正相关；果实成熟期关键时段最长连续无日照日数和果实成熟期关键时段平均气温日较差呈负相关，分级的方向相反，综合选取层次明显的果实成熟期最长连续无日照日数。综合考虑，选择果实成熟期关键时段平均最低气温和果实成熟期最长连续无日照日数作为该物候期油茶高产区划的备选因子。

表 6 - 8　果实成熟期指标高产条件出现频率的空间相关系数

	ph13 _ 1 _ key	ph13 _ 2	ph13 _ 2 _ key	ph13 _ 3 _ key
ph13 _ 1 _ key	1			
ph13 _ 2	－0.2620	1		
ph13 _ 2 _ key	－0.3299	0.9359	1	
ph13 _ 3 _ key	0.1764	0.4562	－0.4593	1

6.2.1.2　区划指标

对 15 项备选气候因子：春梢萌动期关键时段累积降水量（ph3 _ 2 _ key）、春梢萌动期关键时段有日照日数（ph3 _ 3 _ key）、花芽成熟期关键时段平均最高气温（ph8 _ 2 _ key）、开花期平均最高气温（ph9 _ 1）、开花期日最低气温≤0 ℃ 日数（ph9 _ 3）、开花期降水日数（ph9 _ 5）、果实第一次膨大期平均气温日较差（ph10 _ 1）、果实第一次膨大期关键时段平均最高气温（ph10 _ 2 _ key）、果实第一次膨大期降水日数（ph10 _ 3）、果实膨大高峰期关键时段日平均气温≥0 ℃ 积温（ph11 _ 2 _ key）、果实膨大高峰期关键时段平均气温日较差（ph11 _ 4 _ key）、果实膨大高峰期平均相对湿度（ph11 _ 5）、油脂转化和积累高峰期日最高气温≥35 ℃ 日数（ph12 _ 3）、果实成熟期关键时段平均最低气温（ph13 _ 1 _ key）、果实成熟期最长连续无日照日数（ph13 _ 2）计算空间相关系数（图 6 - 4），逐对分析高相关性指标，开展进一步筛选。

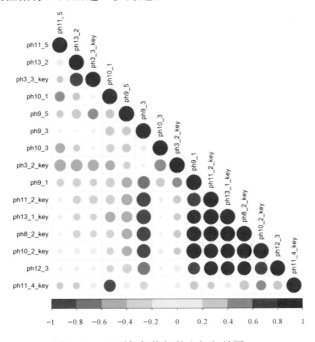

图 6 - 4　15 项气候指标的空间相关图

①油脂转化和积累高峰期日最高气温≥35 ℃ 日数（ph12 _ 3）、果实膨大高峰期关键时段日最高气温≥35 ℃ 日数（ph11 _ 3 _ key）、果实成熟期关键时段平均最低气温（ph13 _ 1 _ key）、果实第一次膨大期关键时段平均最高气温（ph10 _ 2 _ key）和花芽成熟期日平均气温≥0 ℃ 积温（ph8 _ 1）均为气温类指标，且都是限制性指标（即指标值超过一定阈值时导致低产）。图 6 - 5 给出了各因子达到高产条件出现的频率，可以看出，油脂转化和

积累高峰期日最高气温≥35 ℃日数（ph12_3）为油脂转化和积累高峰期的日最高气温限制因子，且空间分布层次分明，选为区划因子。

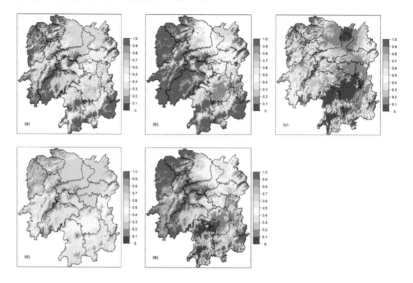

图6-5　ph12_3（a）、ph11_3_key（b）、ph13_1_key（c）、
ph10_2_key（d）和ph8_1（e）出现满足高产条件的频率

　　②开花期日最低气温≤0 ℃日数（ph9_3）、果实膨大高峰期关键时段日平均气温≥0 ℃积温（ph11_2_key）、开花期平均最高气温（ph9_1）和开花期降水日数（ph9_5）为第二组高空间相关指标。开花期日最低气温≤0 ℃日数（ph9_3）、开花期平均最高气温（ph9_1）和开花期降水日数（ph9_5）体现在开花期气温高、降水少，有利于油茶高产。从空间分布层次（图6-6）来看，开花期日最低气温≤0 ℃日数（ph9_3）层次更分明。因此选择开花期日最低气温≤0 ℃日数（ph9_3）为区划因子。

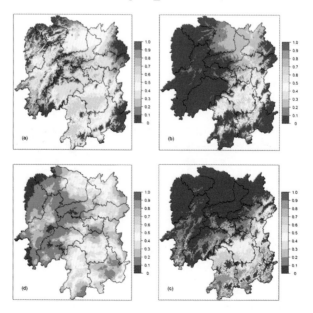

图6-6　ph9_3（a）、ph11_2_key（b）、ph9_1（c）和ph9_5（d）出现满足高产条件的频率

③春梢萌动期关键时段有日照日数（ph3＿3＿key）和果实成熟期最长连续无日照日数（ph13＿2）为第三组高空间相关指标。两者空间分布层次（图6-7）差异较小，不入选区划因子。

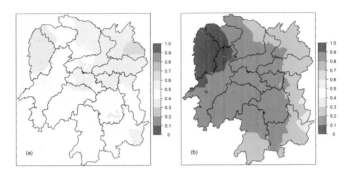

图6-7　ph3＿3＿key（a）和ph13＿2（b）出现满足高产条件的频率

④果实膨大高峰期平均相对湿度（ph11＿5）和果实第一次膨大期降水日数（ph10＿3）为第四组高空间相关性指标，呈南高北低分布趋势。果实第一次膨大期降水日数（ph10＿3）空间分布层次明显，选为区划因子（图6-8）。

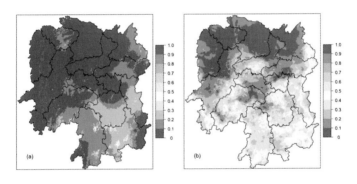

图6-8　ph11＿5（a）和ph10＿3（b）出现满足高产条件的频率

⑤春梢萌动期关键时段累积降水量（ph3＿2＿key）和果实膨大高峰期关键时段平均气温日较差（ph11＿4＿key）与其他指标空间相关系数没有达到0.4，分别呈南北高中部低、东西高中部低的分布特征，但春梢萌动期关键时段累积降水量（ph3＿2＿key）的空间分布层次差异不是很明显，且其为春梢萌动期指标，对产量的影响相对较小，因此果实膨大高峰期关键时段平均气温日较差（ph11＿4＿key）入选为区划因子（图6-9）。

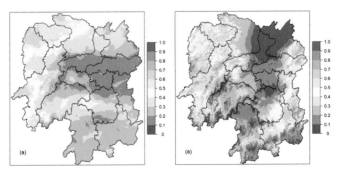

图6-9　ph3＿2＿key（a）和ph11＿4＿key（b）出现满足高产条件的频率

6.2.1.3 高产区划指标空间分布特点

①开花期日最低气温≤0 ℃日数（ph9_3）。ph_9-3气候值为1.8~39.5 d，湖南南部及洞庭湖区日数较少，海拔较高地区日数较多；高产条件出现频率为0~0.7，湘东南为高值区（图6-10）。

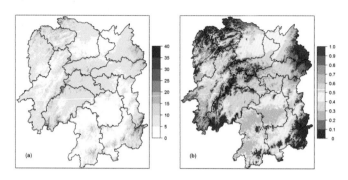

图6-10 ph9_3气候值空间分布图（a）及高产条件出现频率分布图（b）

②果实第一次膨大期降水日数（ph10_3）。果实第一次膨大期降水日数气候值为27~43 d，呈东南向西北递减的分布趋势；高产条件出现频率为0~0.8，同样呈东南向西北递减的分布趋势（图6-11）。

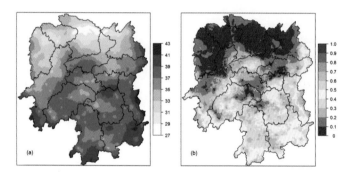

图6-11 ph10_3气候值空间分布图（a）及高产条件出现频率分布图（b）

③果实膨大高峰期关键时段平均气温日较差（ph11_4_key）。果实膨大高峰期关键时段平均气温日较差气候值为4.8~9.7 ℃，呈东西高中间低的分布趋势；高产条件出现频率为0~1，同样呈东西高中间低的分布趋势（图6-12）。

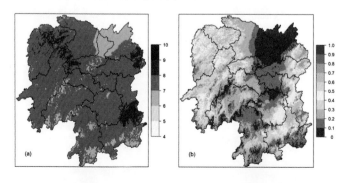

图6-12 ph11_4_key气候值空间分布图（a）及高产条件出现频率分布图

④油脂转化和积累高峰期日最高气温≥35 ℃日数（ph12＿3）。油脂转化和积累高峰期日最高气温≥35 ℃日数气候值为 0～14 d，呈东高西低的分布趋势；高产条件出现频率为 0～1，呈东南向西北递增的分布趋势（图 6-13）。

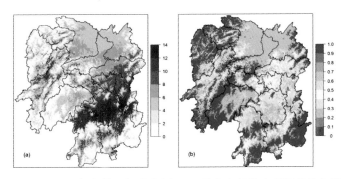

图 6-13　ph12＿3气候值空间分布图（a）及高产条件出现频率分布图（b）

6.2.2　区划方法

（1）构建指标数据集

依据 6.2.1.2 节选定的区划指标，择优采用考虑海拔高度影响的反距离加权法和克里金等空间插值方法进行空间格点值的插值或推算，1985—2015 年区划指标栅格数据集，空间分辨率为 500 m×500 m。

（2）区划方法

基于选取的油茶生育周期关键气候因子和指标，对已插值到小网格点的 1981—2010 年因子数据进行统计并给予相应的编码值 T，然后结合不同因子在区划中的权重 Q 计算出用于判断每个网格点属于该作物的适宜性等级的综合指标 P，其表达式为：

$$P = \sum_{i=1}^{n} T_i \times Q_i$$

其中 i 为因子个数。

综合指标 P 值与作物适宜性等级的对应关系因其因子数、编码方法及因子权重的不同而不同，将其分为高产区、次高产区、一般产区三个等级，最后运用 GIS 技术作出油茶高产气候区划图。

6.2.3　油茶高产气候区划结果

依据 6.2.2 节的方法确定的油茶高产气候区划指标及分级见表 6-9。

表 6-9　油茶高产气候区划指标及分级

区划指标	一般产区出现频率	次高产区出现频率	高产区出现频率	权重
开花期日最低气温≤0 ℃日数	≤0.16	>0.16～0.40	>0.40	1
果实第一次膨大期降水日数	≤0.16	>0.16～0.36	>0.36	1
果实膨大高峰期关键时段平均气温日较差	≤0.16	>0.16～0.40	>0.40	1
油脂转化和积累高峰期日最高气温≥35 ℃日数	≤0.33	>0.33～0.66	>0.66	1
编码值 T	1	2	3	
综合指标 P	4～6	7～9	10～12	

图 6-14 为油茶高产区划指标开花期日最低气温≤0 ℃日数（a）、果实第一次膨大期降水日数（b）、果实膨大高峰期关键时段平均气温日较差（c）与油脂转化和积累高峰期日最高气温≥35 ℃日数（d）不同等级出现频率分布图。

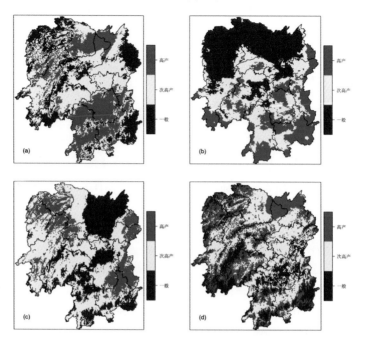

图 6-14　油茶高产区划指标各等级出现频率分布图

图 6-15 为油茶高产气候区划图。高产区位于永州中部和南部，郴州北部、西部和南部，株洲中部和南部，长沙东部，岳阳东部部分区域，益阳西部，衡阳北部和南部，邵阳

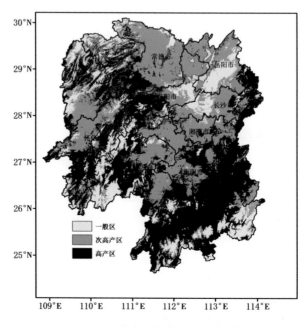

图 6-15　湖南油茶高产气候区划图

中部，怀化东部和南部，湘西州北部，张家界海拔较低区域，娄底西北部，常德南部部分区域。次高产区位于常德大部分地区、益阳东部、岳阳北部和东部部分区域、长沙大部分地区、湘潭大部分地区、娄底中部和东部、株洲北部、衡阳中部和西部、邵阳东部、永州北部、怀化北部和西部、湘西州南部、张家界部分地区。一般区位于湘西及湘东南海拔较高地区、洞庭湖区东部和南部。

6.3　湖南油茶气象灾害风险区划

6.3.1　区划指标及模型

6.3.1.1　文献摘录

（1）易灵伟[12]基于怀化普通油茶开花物候观测结果，得出油茶花期最适宜温度为 16～17.9 ℃，以油茶开花期（10月中旬—11月中旬）的日平均气温为条件划分江西省油茶花期冷害等级。重度冷害：日平均温度在 8 ℃以下，且持续日数超过 1 d。中度冷害：日平均温度为 8～12 ℃，且持续日数超过 2 d；日平均温度在 8 ℃以下，且持续天数未满 2 d，但接着出现日平均温度为 8～12 ℃的情况，且两个温度阶段出现时间总和超过 2 d。轻度冷害：日平均温度为 12～16 ℃，且持续时间超过 2 d；日平均温度为 8～12 ℃，且持续天数未满 2 d，但接着出现日平均温度为 12～16 ℃的情况，且两个温度等级出现时间超过 2 d；日平均温度为 8～12 ℃，且持续天数未满 2 d，但接着出现日平均温度在 16 ℃以上的情况，且两个温度阶段出现时间总和超过 2 d。无影响：日平均温度在 16 ℃以上；日平均温度在 12～16 ℃，且持续天数未满 2 d，接着日平均温度在 16 ℃以上，且两个温度阶段出现时间超过 2 d。

在油茶开花期，以 12 ℃为危害积温阈值温度，据此计算江西省油茶花期危害积温范围，得出江西省油茶花期冷害风险等级。安全无风险：任意连续 3 d 危害积温值之和均为 0 ℃。轻度风险：任意连续 3 d 危害积温之和最大值处于 0～10 ℃范围内。中度风险：任意连续 3 d 危害积温之和最大值处于 10～19 ℃范围内。重度风险：任意连续 3 d 危害积温之和最大值处于 19～25 ℃范围内。

据此得出，江西省大部地区油茶花期受冷害影响的风险较小或不受影响；中度风险区域基本分布在赣中及北部地区；而重度风险区全部分布于大型山脉及周边区域与鄱阳湖区域，因受地形条件限制，这些地区本身并无较大面积油茶的种植。

（2）林志坚等[13]以花期最适宜温度为 16～17.9 ℃作为区划指标划分依据，判定当温度处于最适宜温度至 12 ℃时，油茶开始时受到轻微影响，当低温持续时间超过 2 d 时，油茶将对低温有所适应；当温度为 8～12 ℃时，油茶开花受到一定程度冷害影响；当温度处于 8 ℃以下时，油茶基本不开花，受到严重冷害影响。再分别计算出 1981—2015 年各站点逐年不同等级的低温灾害频次，然后在此基础上统计不同等级低温灾害发生年份占统计总年份的概率，得到不同灾害的不同等级对应的风险区划图。在此基础上，利用权重系数法，得到油茶低温灾害的最终的风险区划图。

由此得出结论：江西省油茶出现轻度低温灾害与重度灾害的概率较小，但全省出现中度灾害概率较高，且主要集中在赣北北部及抚州地区。江西省油茶低温灾害以中度灾害为主。江西省油茶低温灾害在赣南出现概率较低，但在赣北部分地区出现概率较大。

（3）吴浩[14]在不同低温胁迫处理下，根据油茶苗的生长发育情况和苗叶片的生化指标变化情况，分析出油茶苗发生低温冻害的临界温度，再根据此临界温度，结合江西省近30年气象数据分析出江西省油茶适宜性种植等级区划。

6.3.1.2　区划指标

采用6.2.1节的方法，确定的油茶主要气象灾害指标见表6-10。依据6.2.2节的方法确立的油茶气象灾害风险区划指标及分级见表6-11。

表6-10　主要气象灾害指标

物候期	指标	灾害指标
盛花期	日降水量≥1.0 mm降水日数/d	≥22
	日平均气温≥10.0 ℃积温/（℃·d）	≤320.0
	日照时数/h	≤55.0
油脂转化和积累高峰时期	日最高气温≥35 ℃日数/d	≥19

表6-11　油茶气象灾害风险区划指标及分级

区划指标	微风险区出现概率	低风险区出现概率	中风险区出现概率	高风险区出现概率	权重
盛花期低温阴雨	≤0.12	>0.12～0.24	>0.24～<0.36	≥0.36	1
油脂转化和积累高峰时期日最高气温≥35 ℃日数	≤0.12	>0.12～0.24	>0.24～<0.36	≥0.36	1
编码值 T	1	2	3	4	
综合指标 P	2	3～4	5～6	7～8	

6.3.2　油茶气象灾害风险区划结果

图6-16给出了盛花期低温阴雨（a）和油脂转化和积累高峰时期日最高气温≥35 ℃日数（b）出现在不同指标区间的频率等级分布图。由图可知，花期低温阴雨风险呈西北向湘南递减的趋势，低风险区主要位于湖南北部，微风险区位于湖南南部；油脂转化和积累高峰时期高温低风险区主要分布于衡阳大部分地区、郴州北部、株洲中部和永州局部，全省其他大部分地区为微风险区。

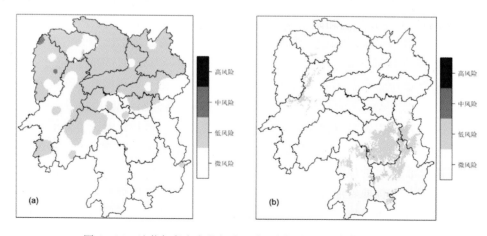

图6-16　油茶气象灾害指标出现在不同区间的频率等级分布图

湖南气象灾害风险区划结果见图 6-17。低风险区在湖南北部以及衡阳，微风险区位于低风险区以外的区域。全省无中、高风险区。

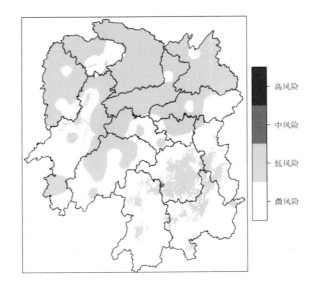

图 6-17　油茶气象灾害风险区划图

6.4　湖南油茶果实品质气候区划

6.4.1　油茶鲜果含油率气候区划

6.4.1.1　区划指标及模型

（1）文献摘录

目前开展油茶含油率气候区划的研究甚少。

余会康等[15]采用 2013 年国家气象信息中心新整编的 1961—2010 年中国地面 0.5°×0.5°气温、降水格点数据，提取福建省各年代相应气候要素数值进行统计和变异分析，应用普通油茶含油率综合评估气候模式，运用 ArcGIS 地理信息技术和概率统计学方法对 1961—2010 年福建普通油茶含油率的时空分布进行区划，分析油茶关键生育期中油脂转化积累期（9 月）月平均气温和降水量与含油率的变化关系，评价 1961—2010 年气候变化影响下福建省油茶含油率年代和区域分布特征。

余优森等[16]选用普通油茶含油率品质气象研究模式，计算分析了我国亚热带油茶主产区含油率的水平与垂直分布并进行了含油率品质气候区域和优质气候层带划分。发现在相同的土壤、品种及栽培条件下，油茶含油率及其品质与气候生态因子有密切关系。影响中国普通油茶含油率的关键生育期是果实迅速膨大生长期和油脂转化积累期（7—9 月），主要气候因子是 9 月的气温、降水及日照时数。气温相对较低（尤其是夜温较低）、雨水充足的生态条件有利于油脂的转化积累，可以提高含油率和品质。气候条件的差异导致我国油茶含油率的区域分布特征是中亚热带高，南、北亚热带低；在中亚热带中东部和东南部及中西部山区高，湘、赣盆地丘陵平原低；低山区高，丘陵平原低。

（2）湖南区划指标与区划模型

①油茶鲜果含油率的等级划分

依据油茶鲜果含油率的高低将其设为一般、中等、次高、高4个等级。基于油茶鲜果含油率样本数据，运用核密度估计法算出油茶鲜果含油率的概率密度函数，绘制得到的概率密度分布图如图6-18所示。以定义累积概率分别为0.1、0.3、0.5、0.8时所对应的油茶鲜果含油率值为等级划分临界值，得到的油茶鲜果含油率等级划分结果见表6-12。

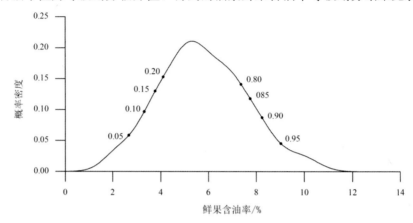

图6-18　油茶鲜果含油率概率密度分布图

注：曲线上的数字表示小于或等于该数值所在直线对应的横坐标值的累积概率。

表6-12　油茶鲜果含油率等级划分结果

含油率等级	一般	中等	次高	高
鲜果含油率/%	3.4～4.7	>4.7～5.7	>5.7～7.4	>7.4
赋值	1	2	3	4

②油茶鲜果含油率气候区划模型

（Ⅰ）依4.2.2节油茶鲜果含油率与关键气候指标的数学模型，分别构建模型中各指标1981—2010年500 m×500 m的数据序列。

（Ⅱ）基于数据模型、指标数据序列分别计算各网格点油茶鲜果含油率气候模拟值。

（Ⅲ）按表6-12划分油茶鲜果含油率气候模拟值的等级。

（Ⅳ）分别统计1981—2010年各网格点油茶鲜果含油率气候模拟等级为高、次高、中等、一般的出现频率。

（Ⅴ）从高到低分别计算累积频率，任一格点的气候区划等级为该格点累积频率首次≥60%的等级。

6.4.1.2　油茶鲜果含油率气候区划结果

基于油茶鲜果含油率与关键气候指标的数学模型以及气候指标的栅格序列值，推算1981—2010年逐年油茶鲜果含油率，依据油茶含油率分级表划分每个格点逐年的油茶含油率等级，再统计出各格点油茶含油率等级出现频率，得到湖南油茶含油率各等级频率分布图（图6-19）。由图可知，一般等级衡阳出现频率最高，大部分地区为0.3～0.4；中等等级湘中及洞庭湖区出现频率最高；次高等级洞庭湖区、湘西大部分地区、湘东南大部分地区出现频率较高；高等级湘西和湘东南海拔较高区域出现频率最高，可达0.9以上。

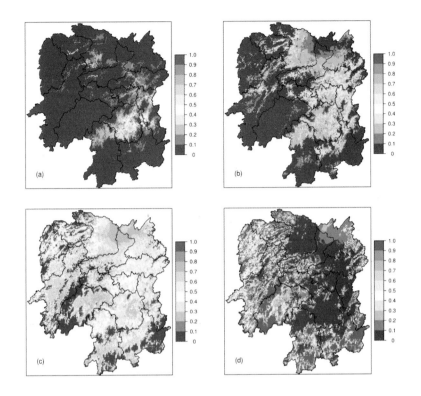

图 6-19　湖南省油茶鲜果含油率一般（a）、中等（b）、次高（c）和高（d）等级出现频率分布图

图 6-20 给出了湖南省油茶鲜果含油率气候综合区划图。区划结果为含油率高值区位于全省海拔较高的地区，主要分布在湘西和湘东南；含油率次高区主要位于洞庭湖区、湘西和湘东南海拔较低区域、湘中西部；含油率中等区位于湘中大部分地区、湘东南北部；含油率一般区面积较小，分散在衡阳及株洲的部分区域。

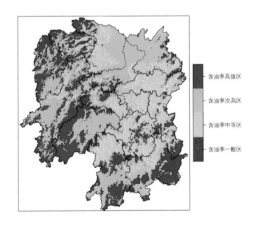

图 6-20　湖南省油茶鲜果含油率区划图

6.4.2　茶油油酸含量气候区划

6.4.2.1　区划指标及模型

本书的编写过程中，未搜索到与之相关的研究文献。本书将采用以下指标和方法开展

湖南省茶油油酸含量气候区划。

（1）油酸含量等级划分

约定油酸值＞68％（国家标准下限值）为中等级别的下限值，＞74％（T/HNYC 001—2018 油酸指标下限值较 GB/T 11765—2018 下限值高出 5％，74％为 T/HNYC 001—2018 油酸指标下限值）为次高级别的下限值，＞80％（对于本书油酸含量研究样本，累积概率为 0.8 时的油酸值，见图 6-21、表 6-13。且这个值与前面的下限值基本等间距）为高级别的下限值，≤68％为一般级别的上限值。

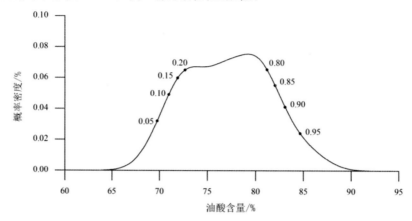

图 6-21 油酸概率密度分布图

注：曲线上的数字表示小于或等于该数值所在直线对应的横坐标值的累积概率。

表 6-13 茶油油酸含量分级表

	一般	中等	次高	高
油酸含量/％	≤68	＞68～74	＞74～80	＞80
赋值	1	2	3	4

（2）湖南区划指标与区划模型

①依据 4.3.2 节油酸含量与关键气候指标的数学模型，分别构建模型中各指标 1981—2010 年 500 m×500 m 的数据序列。

②基于数据模型、指标数据序列分别计算各网格点油酸含量气候模拟值。

③按表 6-13 划分油酸含量气候模拟值的等级。

④分别统计 1981—2010 年各网格点油酸含量气候模拟等级为高、次高、中等、一般的出现频率。

⑤从高到低分别计算累积频率，任一格点的气候区划等级为该格点累积频率首次≥60％的等级。

6.4.2.2 油酸含量气候区划结果

基于油酸含量与关键气候指标的数学模型以及气候指标的栅格序列值，推算 1981—2010 年逐年茶油油酸含量，依据油酸含量分级表划分每个格点逐年的茶油油酸含量等级，再统计出各格点茶油油酸含量等级出现的频率，得到湖南各等级油酸频率分布图（图 6-22）。由图可知，全省油酸含量一般等级出现的频率最低，都在 0.1 以内；全省油酸含量中等等级出现频率较低，其中湘西北出现频率较高；全省油酸含量以次高等级出现频率最高，大部分地区在 0.6 以上，尤其是湘西北、湘东南等部分地区出现频率最高；油酸含量高等级以湘中南部、湘东南北部出现频率较高，部分地区可达 0.3 以上。

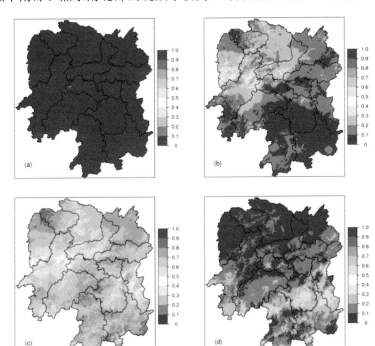

图 6-22 湖南省油酸含量一般（a）、中等（b）、次高（c）和高（d）等级出现频率分布图

图 6-23 给出了湖南省油酸含量区划图。区划结果为油酸含量高值区位于湘东南、湘中大部分地区、洞庭湖东部、湘西南南部和湘西北西北部；油酸次高区位于湘西北大部分地区、洞庭湖区中西部、湘西南的北部、湘中的西部及其他部分地区；油酸中等区面积较小，零散地分布于湘西地区；油酸一般区几乎未出现。

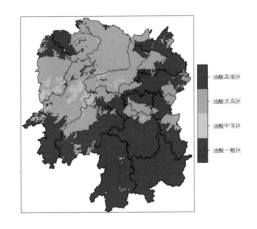

图 6-23 湖南省油酸含量区划图

参考文献

[1] 黄志伟，曹剑，袁德梫，等. 基于主成分聚类分析的中国油茶栽培区划 [J]. 西部林

业科学，2016，45（3）：155-160.

[2] 王莹，苏永秀，李政. 广西西北部油茶种植气候适宜度评价 [J]. 中国农学通报，2013，29（13）：24-30.

[3] 付瑞滢，宴理华，武建华. 铜仁优质油茶气候适应性研究及精细化区划 [J]. 西南师范大学学报（自然科学版），2015，40（5）：150-158.

[4] 马帅兵，李昌来，周忠发. 贵州省油茶的生态适宜性评价及种植区划研究 [J]. 安徽农业科学，2011，39（23）：14094-14097.

[5] 林少韩，李桂梅. 油茶地理气候区划分的研究 [J]. 林业科学研究，1988，1（6）：607-613.

[6] 刘永裕，刘梅，米浦强，等. 红花大果油茶种植气候区划：GIS 技术在柳州红花大果油茶种植气候区划中的应用 [J]. 安徽农业科学，2009，37（24）：11818-11820.

[7] 黄志伟，曹剑，柏玉平. 不同油茶品种对重庆市气候的适应性评价 [J]. 南方农业学报，2016，47（8）：1338-1343.

[8] 黎丽. 遂川县油茶种植气候区划及生产建议 [J]. 现代农业科技，2009（24）：281，284.

[9] 赖晓玲，黄伟，张理宁，等. 龙南县油茶种植气候分析与区划 [J]. 现代农业科技，2017（11）：202-203.

[10] 李贵琼，蒋文家，莫建国，等. 六盘水市红花油茶种植气候精细化区划研究 [J]. 现代农业科技，2018（13）：12-15.

[11] 杨益，于飞，朱曦嵘，等. 基于 GIS 的贵州省黎平县油茶气候适宜性区划 [J]. 中低纬山地气象，2011，35（5）：17-19.

[12] 易灵伟. 江西省油茶花期冷害指标及风险等级区划研究 [D]. 武汉：华中农业大学，2016.

[13] 林志坚，郑小安，汪建军. 江西省油茶低温灾害风险区划 [J]. 能源研究与管理，2020（2）：73-76.

[14] 吴浩. 江西省油茶"长林 4 号"苗期冷害指标及适宜性种植区划研究 [D]. 江西农业大学，2018.

[15] 余会康，郭建平. 气候变化对福建省普通油茶含油率影响分析 [J]. 农业资源与环境学报，2015，32（1）：87-94.

[16] 余优森，任三学，谭凯炎. 中国普通油茶含油率品质气候区域划分与层带研究 [J]. 自然资源学报，1999，14（2）：123-127.

附　2013年湖南持续高温干旱
对油茶影响的调查报告

F.1　调查方法

F.1.1　调查时间及路线

调查时间：2013年8月14—20日。

调查路线：湖南省气候中心与湖南省林业科学院（国家油茶工程技术研究中心）联合组建3个油茶高温干旱灾害调查小组，分3条调查路线对湖南省内重点区域进行调查。3条具体路线（图F-1）：①衡阳—永州线，即衡阳→衡南→耒阳→常宁→祁东→祁阳→冷水滩；②邵阳—娄底线，即邵东→邵阳→新化→双峰；③怀化—湘西线，即溆浦→麻阳→辰溪→永顺→常德鼎城区。

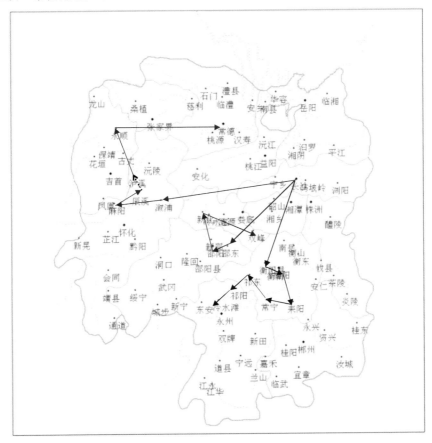

图F-1　实地调查路线

F.1.2 调查方法

①向当地林业、气象部门咨询当地天气和旱情基本情况。

②抽样调查当地主要苗圃、新造林地、幼林或成林、油茶老林等典型点，掌握高温干旱对油茶苗木造成的受灾程度。

③走访当地生产单位第一线人员及林农，了解气候服务需求。

F.1.3 高温干旱影响评估指标

（1）植株受损指标

①苗圃：指标分为4级，轻度（无影响或影响较轻）、中度（部分叶片灼伤）、重度（大部分植株叶片枯萎、脱水严重）、死亡（整株干枯死亡）。

②幼林：指标分为5级，正常（基本无影响）、轻度（影响很小，个别叶片有灼伤）、中度（部分叶片灼伤）、重度（大部分植株叶片枯萎、脱水严重）、死亡（整株干枯死亡）。

（2）灾情评定指标

指标分为4级，D级（轻度，死亡率≤20%），C级（中度，20%＜死亡率≤40%），B级（重度，40%＜死亡率≤60%），A级（极严重，死亡率＞60%）。

F.2 调查区气象要素统计特征

（1）气温

6月11日—8月13日，调研县（市、区）平均气温≥28 ℃，其中祁阳、祁东、衡阳县平均气温≥31 ℃，16个地区平均气温破历史同期纪录。各县（市、区）高温日数为34～54 d，双峰、祁阳、祁东等5个地区高温日数超过50 d；14个地区超过37 ℃的高温日数在20 d以上，常德、麻阳、祁阳、祁东、衡南5个地区超过39 ℃的高温日数在10 d以上。除邵东县以外，其余地区平均日最高气温均超过35 ℃、极端最高气温超过40 ℃。大部分地区高温日数、高温最长持续时间、极端最高气温破当地历史纪录（具体见表F-1）。

表 F-1 6月11日—8月13日气温统计

地点	平均气温/℃	平均最高气温/℃	日最高气温≥35 ℃日数/d	日最高气温≥37 ℃日数/d	日最高气温≥39 ℃日数/d	高温最长持续日数/d	极端最高气温/℃
永顺县	28.7	35.7	42	23	8	26	41.1
辰溪县	30.9	36.1	46	29	8	34	40.7
鼎城区	30.0	35.2	40	24	10	23	40.6
麻阳县	30.4	35.9	43	27	11	27	41.3
溆浦县	29.6	35.7	44	25	5	27	40.5
新化县	30.2	35.7	45	25	7	34	40.8
邵东县	29.3	34.8	34	13	2	18	39.6
双峰县	30.8	36.1	52	30	8	39	40.2
邵阳县	29.5	35.4	43	20	5	23	40.3
冷水滩	30.2	35.6	43	18	4	24	40.5

续表

地点	平均气温/℃	平均最高气温/℃	日最高气温≥35℃日数/d	日最高气温≥37℃日数/d	日最高气温≥39℃日数/d	高温最长持续日数/d	极端最高气温/℃
祁阳县	31.2	36.4	54	30	10	42	40.7
祁东县	31.5	36.5	54	29	10	42	40.2
衡阳县	31.3	36.4	52	29	8	42	40.3
常宁市	30.8	35.9	46	24	7	18	40.3
衡南县	30.7	36.7	54	34	15	42	40.9
耒阳市	30.7	35.9	45	22	8	18	41.2

（2）降水

6月11日—8月13日，16个县（市、区）降水量在36.5～160.8 mm之间，较常年偏少50%～90%，除新化、双峰县外，均打破当地历史纪录。特别是从7月至调查期，辰溪、溆浦、邵东、双峰、邵阳、冷水滩、耒阳等县（市、区）降水量不到5 mm。16个地区无降水日数超过40 d（刷新历史纪录），除永顺、常宁外，其他14个县（市、区）最长连续无降水日数超过20 d，其中辰溪、双峰达到45 d（见表F-2）。

表 F-2　6月11日—8月13日降水统计

地点	降水量/mm	降水距平百分率/%	排位（倒序）	无降水日数/d	最长连续无降水日数/d
永顺县	111.7	−75.3	1	51	12
辰溪县	46.6	−87.8	1	60	45
鼎城区	160.8	−54.9	1	53	23
麻阳县	102.9	−71.2	1	51	27
溆浦县	85.4	−77	1	56	23
新化县	118.9	−68.3	2	53	23
邵东县	79.6	−75.5	1	58	27
双峰县	115.1	−63	2	58	45
邵阳县	67.1	−77.7	1	53	24
冷水滩	52.3	−80.7	1	56	24
祁阳县	79.2	−74.8	1	52	24
祁东县	44.3	−85.2	1	54	30
衡阳县	36.5	−86.8	1	54	32
常宁市	89.2	−68.1	1	51	13
衡南县	39.6	−85.5	1	55	30
耒阳市	44.7	−83.8	1	52	23

（3）气象干旱状态

截至调查时，除常德外，15个县（市、区）气象干旱持续时间超过35 d，新化、邵东、双峰、邵阳等县（市）超过60 d。除常德、常宁外，14个县（市、区）重旱以上等级日数超过15 d，其中辰溪、溆浦、邵东、邵阳县特旱日数超过15 d。统计结果见表F-3。

表 F-3 调查县（市、区）气象干旱状况统计

地点	轻旱以上等级日数	中旱以上等级日数	重旱以上等级日数	特旱等级日数	干旱持续日数
永顺县	53	25	19	3	48
辰溪县	57	44	19	17	57
鼎城区	22	10	9	0	22
麻阳县	42	21	15	3	42
溆浦县	58	42	19	18	48
新化县	62	29	19	4	62
邵东县	65	61	29	16	65
双峰县	64	29	25	14	63
邵阳县	65	61	30	18	65
冷水滩	55	32	16	14	52
祁阳县	55	36	18	3	52
祁东县	58	50	23	6	58
衡阳县	59	52	43	11	59
常宁市	47	41	6	1	47
衡南县	59	52	37	6	59
耒阳市	36	34	16	9	36

F.3 调查结果

F.3.1 衡阳—永州线

（1）对苗圃的影响

湘南区域油茶苗嫁接时间一般在 4 月下旬—5 月上旬，苗圃中一般育有 1 年生苗（2013 年嫁接）及 2 年生苗（2012 年嫁接）。1 年生苗实地调查 5 个苗圃，由于 1 年生苗有遮阳篷遮阳，并且得到及时灌溉，一般存活率在 80％以上（图 F-2），也有苗圃部分地块由于灌溉跟不上，死亡率达到 50％，总体上 1 年生苗与往年差异不大（表 F-4）。

图 F-2 1 年生苗存活率≥80％

表 F-4   1年生苗苗圃受灾情况调查表

地点	轻度占比/%	中度占比/%	重度占比/%	死亡率/%	评定等级	面积/亩	备注
衡阳县演陂镇百花村	0	4.4	8.8	15.6	D	21.8	灌溉
衡南县林欣花卉苗木中心					—	20	无株测，有灌溉
耒阳马水乡桃花村					—	30~40	无株测，有灌溉
常宁胜桥镇新元村					—	65	无株测，有灌溉
祁阳肖家镇先进村					—	40	无株测，有灌溉

2年生苗虽然没有用遮阳篷遮阳，但由于灌溉及时，实地调查的5个苗圃（表F-5）中的4个整体存活率在80%以上，另外一个由于在后期没有及时灌溉，造成了30%~40%的死亡率（图F-3）。

图 F-3   没有及时浇灌的2年生苗死亡率为30%~40%

表 F-5   2年生苗圃受灾情况调查表

地点	轻度占比/%	中度占比/%	重度占比/%	死亡率/%	评定等级	面积/亩	备注
衡南县林欣花卉苗木中心			24.4	20	C	20	灌溉
耒阳亮源乡良坡村		13.3	33.3	33.3	B	4	灌溉
耒阳良坡村另一处苗圃						20	无株测，有灌溉
常宁胜桥镇新元村						45	无株测，有灌溉
祁阳肖家镇先进村			3.3	3.3	D	35	灌溉

对于苗圃来说，合理的选址，保证充足的水源以便及时灌溉，是油茶苗的高存活率的保障，2年生苗一般为3~5 d浇水1次。

（2）对幼林的影响

①对新造林的影响。

在新造林中，持续高温干旱对2013年的新造林影响最大，在湘南7县的实地考察的9处造林基地（表F-6），油茶存活率存在极大的差异，存活率从0~99%不等。相对于苗圃，新造林由于面积大，难以做到及时浇灌，两处没有浇水的造林基地，存活率不到10%，1处2013年新造油茶林存活率甚至不到5%（图F-4）。5处油茶林由于对新植油茶采取了较好的管理措施，如进行了一定次数的浇灌，在油茶树根部培土保水等，油茶的存活率为20%~50%。另外两处基地种植了3年生油茶苗，并做了很好的抚育，及时浇水，油茶林存活率在 90% 以上。

表 F-6　1 年新造林受灾情况调查表

地点	轻度占比/%	中度占比/%	重度占比/%	死亡率/%	评定等级	面积/亩	备注
衡阳县西渡乡				100	A	200	无株测
衡南县树清现代农业有限公司		22.2	22.2	48.9	B		灌溉、盖草再覆土
耒阳哲桥镇黎明村			40	57	A	2000	灌溉、培土
常宁宁盐湖镇玄塘村江山公司	25					500	无株测，公司自产苗
祁东风石堰镇凫鸭塘村				50	B		无株测
祁东白地市镇禾冲村			4.4	0	D	518	3 年生苗，灌溉、培土、施肥等管理很好
祁阳唐家山				50	B		无株测
冷水滩仁湾镇李家湾村伊园科技有限公司				20	C		3 年生苗，鸡窝状覆膜保水
常宁盐湖镇丰山村神农公司	10						无株测，抽 1 行 15 株全部死亡，估计保存率 10%

图 F-4　存活率不到 5% 的 2013 年新造油茶林

②对 2012 年造林影响。

2012 年造油茶林（图 F-5）抗旱性能要强于 2013 年新造林，存活率要高于 1 年新造。实地考察 3 处造林基地（表 F-7），一处从 6 月 11 日以来已浇灌 8 次，基本无死亡；一处死亡率为 40%~50%；一处无浇水，基本无死亡，但新梢受损。

表 F-7　2 年新造林受灾情况调查表

地点	轻度占比/%	中度占比/%	重度占比/%	死亡率/%	评定等级	面积/亩	备注
衡阳县西渡乡	100					200	无株测
耒阳上塘农业开发有限公司		40	26.7	6.7			
祁阳唐家山油茶开发有限公司	100	0					部分新梢受损

图 F-5　灌溉良好的 2012 年造油茶

③ 对 2011 年造林影响。

实地考察 6 处造林基地（表 F-8），采取一定抚育措施的存活率一般在都 70% 以上，浇水灌溉到位的造林基地基本可以避免油茶死亡枯萎。走访调查结果显示，2011 年造苗在 7 月下旬开始出现明显死亡趋势（图 F-6）。

表 F-8　3 年新造林受灾情况调查表

地点	轻度占比/%	中度占比/%	重度占比/%	死亡率/%	评定等级	面积/亩	备注
衡阳县大安乡水寺村易湘生态公司（1）	80					3000	无株测，有灌溉
衡阳县大安乡水寺村易湘生态公司（2）		13.3	26.7	60	A	3000	无灌溉
衡南县泉长村泉湾溪		86.7		13.3	D		
耒阳神农油茶							无株测，落叶、新稍有影响，整体不错
常宁西岭镇平安村大三湘公司		20		0	D		有补苗，整体长势很好，管理到位。培土，雨时抽沟
祁东风石堰镇推车村		100		0	D	667	
祁阳三口塘镇	20	13.3		20	C	128	浇水没有浇透，使用保水剂时可能伤根

图 F-6　因缺水而枯萎的 2011 年造油茶

④对 2008—2010 年造林影响。

实地考察 3 处造林基地（表 F-9），在抚育得当的情况下，油茶基本不会死亡，但部分油茶会出现叶片灼伤（图 F-7）、少数新梢枯萎及一定的裂果的现象。

表 F-9　4～6 年新造林受灾情况表

地点	轻度占比/%	中度占比/%	重度占比/%	死亡率/%	评定等级	面积/亩	备注
冷水滩永州林科所附近的伊园公司（4 年造林）	100	0	0	0	D	200	无株测
祁阳唐家山油茶有限公司（5 年造林）				0	D		
耒阳天华公司（6 年造林）	46.7	13.3	33.3	6.7	D		部分新梢受损

图 F-7　存在一定叶灼伤的油茶树

⑤对老林影响。

考察油茶老林 3 处，没有发现由于干旱死亡个例，主要影响体现在裂果（图 F-8）、落果和叶灼伤。

图 F-8　油茶裂果情况普遍存在

根据油茶生长发育规律，6—7月为油茶花芽分化盛期，持续高温干旱影响来年挂果。7—8月是油茶果实膨大成熟期，只有适宜的气候条件，才能使茶果充分完成油脂转化的过程，达到充分成熟。此时干旱则导致细胞水分不足，这对油脂转化不利，导致油脂降低，或茶果"先天不足"而提早干落。

F.3.2 邵阳—娄底线

（1）对苗圃的影响

分别调查了邵东县、邵阳县和新化县的三个油茶苗圃（表F-10），双峰县没有油茶育苗基地。三个苗圃都采用油茶芽苗砧嫁接育苗的方法，苗木类型都为1年生裸根苗和2年生裸根苗。

表 F-10 苗圃基本情况

地点	苗木类型	规模/亩	嫁接数量/万株	地径/mm	苗高/cm
邵东县黄草坪油茶林场	1年生裸根苗	8	75	0.2	6
	2年生裸根苗	8	75	0.4	30
邵阳县塘渡口镇石桥村	1年生裸根苗	50	347	0.25	6
	2年生裸根苗	50	363	0.4	40
新化县上梅镇三湾村	1年生裸根苗	26	150	0.2	8
	2年生裸根苗	26	150	0.32	35

高温干旱对油茶苗的影响较大（表F-11）。邵东县黄草坪林场油茶苗圃和邵阳县苗圃的1年生裸根苗在水源充足的情况下仍出现了较为严重的干旱现象，苗木死亡率分别高达40%和70%，其中邵阳县苗圃嫁接后50 d，刚揭完膜就出现高温天气，导致大部分苗被高温烧死；2年生裸根苗（图F-9）的影响相对较小，死亡率分别为20%和10%。新化县三湾苗圃场1年生裸根苗因高温干旱期间没有揭膜，苗木保存率达95%，基本不受高温干旱影响；2年生裸根苗由于水源不足导致大量死亡，死亡率达50%，后期引用自来水，但此时抗旱已来不及。

表 F-11 苗圃高温干旱受灾情况

苗圃名称	苗木类型	正常占比/%	轻度占比/%	中度占比/%	重度占比/%	死亡率/%	评定等级	备注
邵东县黄草坪林场油茶苗圃	1年生裸根苗	—	—	—	—	40	B	浇水
	2年生裸根苗	50	5	15	10	20	D	浇水
邵阳县苗圃	1年生裸根苗	0	15	10	5	70	A	嫁接后50 d刚揭完膜就出现高温天气，大部分苗被高温烧死
	2年生裸根苗	60	5	20	5	10	D	水源充足，受灾影响较小，下雨后生长恢复较好
新化县三湾苗圃场	1年生裸根苗	85	0	5	5	5	D	嫁接后一直没揭膜，保存较好
	2年生裸根苗	0	20	30	10	50	B	干旱期间浇水，但水源不足，后期引用自来水，但抗旱已来不及

图 F‑9　邵阳县 2 年生油茶苗圃受高温干旱情况

（2）对幼林的影响

①2 年内造林。

分别调查了邵东县、邵阳县、新化县和双峰县的油茶 1 年生新造林和 2 年生新造林（表 F‑12）。调查的新造林都是采用 2 年生裸根苗造林。

表 F‑12　新造林基本情况

地点	造林苗木类型	造林时间	抚育情况
邵东县廉桥镇新坪村	2 年生裸根苗	2013 年 3 月	垦复、间种花生等
邵东县黄草坪油茶林场	2 年生裸根苗	2012 年 3 月	垦复、间种芍药、覆盖草、追施复合肥每株 0.1 kg
邵阳县黄荆乡金珠村	2 年生裸根苗	2013 年 1 月	除草、培蔸
邵阳县黄塘乡塘仁村	2 年生裸根苗	2013 年 1 月	除草、垦复、培蔸
新化县经济开发区梽木山村	2 年生裸根苗	2013 年 3 月	间种、垦复、培蔸
新化县石冲口镇茅岭村	2 年生裸根苗	2012 年 2 月	间种红薯玉米、追施复合肥 0.1 kg/株
双峰县甘棠镇田心村、赛田村、龙安村	2 年生裸根苗	2012 年 12 月	培蔸、间种玉米
双峰县青树坪镇王星村	2 年生裸根苗	2011 年 12 月	垦复、间种玉米花生红薯、追施复合肥 0.1 kg/株

1 年生新造林和 2 年生新造林都受到了严重的干旱影响，1 年生新造林的干旱情况比 2 年生新造林干旱情况更为严重（表 F‑13）。

邵东县廉桥镇新坪村、邵阳县黄荆乡金珠村和双峰县甘棠镇田心村、赛田村、龙安村 1 年生油茶新造林的死亡率均达 90％以上（图 F‑10），正常株的百分率为 0，旱害级别达到最高级别 A 级。其中邵东县廉桥镇新坪村的油茶死亡率达 100％，邵阳县黄荆乡金珠村的油茶死亡率达 95％，这两个林地属于石灰岩石漠化区域，土层较薄，土壤保水性较差，这些导致 1 年生新造林大量死亡。邵阳县黄塘乡塘仁村的 1 年生新造林造林后盖层薄膜，然后盖土，具有一定的保水作用，死亡率为 42.2%。新化县经济开发区桋木山村 1 年生新造林位于油茶自然林的山谷地带，土壤保水性相对较好，死亡率仅 31.1%。但是这两个新造林地的旱害级别达到了 B 级。

表 F‑13　新造林干旱情况

地点	林龄/年	正常占比/%	轻度占比/%	中度占比/%	重度占比/%	死亡率/%	评定等级	备注
邵东县廉桥镇新坪村	1	0	0	0	0	100	A	石漠化区域
邵东县黄草坪油茶林场	2	48.9	0	17.8	8.9	22.2	C	
邵阳县黄荆乡金珠村	1	0	0	5	0	95	A	石漠化区域
邵阳县黄塘乡塘仁村	1	17.8	2.2	31.1	6.7	42.2	B	造林后盖层薄膜，然后盖土
新化县经济开发区桋木山村	1	2.2	0	35.6	31.1	31.1	B	种植于油茶自然林的山谷地带
新化县石冲口镇茅岭村	2	27.5	0	35	12.5	12.5	C	干旱期间每周浇一次水，每株浇一勺
双峰县甘棠镇田心村、赛田村、龙安村	1	0	0	4.4	2.2	93.3	A	
双峰县青树坪镇王星村	2	0	0	11.1	22.2	66.7	A	间种距树蔸较近

图 F‑10　邵东县 1 年新造林

邵东县黄草坪油茶林场和新化县石冲口镇茅岭村的 2 年生新造林的死亡率分别为 22.2% 和 12.5%，旱害级别为 C 级，保存的植株中叶灼伤的比率较高。双峰县青树坪镇王星村的 2 年生新造林的死亡率最高，达 66.7%，正常株的比率为 0，这是因为林地中间种玉米、花生和红薯等，距树蔸非常近，在抚育过程中，土壤松动较为严重，致使水分大量蒸发散失。

②2 年以上造林。

分别调查了邵东县、邵阳县、新化县和双峰县的油茶幼林（表 F‑14），其均为 2 年生裸根苗造林，除邵阳县黄荆乡响石村 2011 年 3 月造的林外，其他林分都进入了结果期。

表 F-14 幼林基本情况

地点	造林苗木类型	造林时间	抚育情况
邵东县黑田铺乡仰山殿村	2年生裸根苗	2008年2月	垦复、培蔸，每年施复合肥2次，每次0.15 kg/株
邵阳县黄荆乡响石村	2年生裸根苗	2011年3月	除草、培蔸、追施复合肥0.1 kg/株
邵阳县白仓镇迎丰村	2年生裸根苗	2009年5月	除草、培蔸、追施复合肥
新化县上梅镇集丰村	2年生裸根苗	2010年牙月	垦复、追施复合肥0.25 kg/株
双峰县印塘乡金塘村（1）	2年生裸根苗	2009年1月	培蔸、施肥
双峰县印塘乡金塘村（2）	2年生裸根苗	2004年1月	培蔸

相对新造林来说，干旱对幼林的影响较轻，双峰县印塘乡金塘村2009年1月造的林干旱较为严重，死亡率达26.7%，旱害级别达B级，因为该林地处于上坡位，地下水位较低。其次是邵阳县黄荆乡响石村2011年3月造的林，由于林龄较小，树体尚未长成，抗旱能力较差，部分植株死亡。其他地方的幼林受害较小，旱害级别为D级，受害的主要特征是叶灼伤较严重。双峰县印塘乡金塘村2004年1月造的林因地处于上坡位，水分缺乏，虽然没有出现死亡现象，但叶灼伤率达73.3%，旱害级别达C级（表 F-15）。在本次调查中，邵东县一处5年新造林还出现油茶果实开裂的情况（图 F-11）。

表 F-15 幼林干旱情况

地点	造林时间	正常占比/%	轻度占比/%	中度占比/%	重度占比/%	死亡率/%	评定等级	备注
邵东县黑田铺乡仰山殿村	2008年	58.8	0	41.2	0	0	D	干旱时，卡车运水，人工浇水
邵阳县黄荆乡响石村	2011年	66.7	0	22.2	6.7	6.7	D	干旱期人工浇水、间种玉米死亡26.7%
邵阳县白仓镇迎丰村	2009年	51.1	0	42.2	0	0	D	20%果开裂
新化县上梅镇集丰村	2010年	46.7	2.2	51.1	0	0	D	
双峰县印塘乡金塘村（1）	2009年	23.3	0	30	26.7	26.7	B	林地处于上坡位
双峰县印塘乡金塘村（2）	2004年	13.3	0	73.3	0	0	C	林地处于上坡位

图 F-11 邵东县5年新造林开裂的油茶果实

③对老林的影响。

分别调查了邵东县、邵阳县、新化县和双峰县的油茶自然林（表 F-16），四个油茶自然林均进行过低产林改造。

表 F-16　老林基本情况

地点	造林时间	抚育情况
邵东县黄草坪油茶林场昌主山	1971 年	垦复、施沼渣 25 kg/株、修剪
邵阳县九公桥镇大湾村	1970 年	垦复、施肥、挖竹节沟、修剪
新化县经济开发区桤木山村	1985 年	垦复、施农家肥 15 kg/株
双峰县印塘乡龙华村	1985 年	垦复

自然林受干旱的影响较小，旱害级别普遍为 D 级。邵阳县九公桥镇大湾村和新化县经济开发区桤木山村的自然林叶灼伤率较高，分别达到了 46.7% 和 84.4%，其中新化县经济开发区桤木山村的自然林由于结果量相对较高，出现了较为严重的落果现象，落果植株达 42.2%（表 F-17）。在本次调查中，双峰县老林油茶叶片也出现高温灼伤的现象（图F-12）。

表 F-17　自然林干旱情况

地点	造林时间	正常占比/%	轻度占比/%	中度占比/%	重度占比/%	死亡率/%	评定等级	备注
邵东县黄草坪油茶林场昌主山	1971 年	86.7	0	6.7	6.7	0	D	6 月施过一次沼渣水
邵阳县九公桥镇大湾村	1970 年	53.3	0	46.7	0	0	D	2013 年小年
新化县经济开发区桤木山村	1985 年	13.3	0	84.4	2.2	0	D	年亩产油 10 kg以上
双峰县印塘乡龙华村	1985 年	86.7	0	13.3	0	0	D	

图 F-12　双峰县老林被高温灼伤的叶片

F.3.3 怀化—湘西线

（1）对油茶苗圃的影响

调查点选择在溆浦县观音阁镇大湾桥村（图 F-13）、辰溪县锦滨乡马溪村（图 F-14）、麻阳县拖冲镇柿子坪村和永顺县党校附近苗圃。

图 F-13　溆浦县新育苗苗圃

图 F-14　辰溪县新育苗苗圃

① 对新育苗的影响。

持续高温干旱导致新育苗的揭膜时间推迟，多个苗圃（溆浦县苗圃、永顺县苗圃）为缓解缺水现状，不得不延迟揭膜时间以减少水分的丧失。同时，持续高温天气影响除萌、除杂。此外，部分新嫁接的叶片灼伤，影响了成活率，少数新稍叶片有不同程度的灼伤。

②对 2 年生裸根苗的影响。

从抽样调查的情况来看，如果能够每 3~4 d 进行一次灌溉（漫灌），持续高温干旱就只影响苗木新梢的萌发及新叶和部分叶片的灼伤。超过 5 d 不能进行灌溉的苗木就会逐步出现缺水、脱水、叶片枯黄、枯萎，甚至整株死亡的现象。2 年移栽裸根苗保存率只有20%~30%，而且长势不好。

案例：溆浦县苗圃在8月4日之后已经灌溉困难。以下几块圃地分别间隔不同时间灌溉，苗木旱害程度不一（表F-18）。调查时间为8月14日。

表F-18 溆浦县观音阁镇大湾桥村苗圃受灾比例

地点	轻度占比/%	中度占比/%	重度占比/%	死亡率/%	评定等级	受灾面积/亩	浇水时间
溆浦县观音阁镇大湾桥村	80	1.6	5.1	13.3	D	5	8月9日
	18.9	14.4	27.8	38.9	C	5	8月11日
	12.6	20	27.3	40.0	B	4	连续10 d无浇水

整体来看，苗圃受灾情况跟浇水间隔与次数密切相关。溆浦县苗圃（图F-15）从8月4日开始用水紧张，专人不分昼夜从水渠引水、看水到苗圃，勉强满足部分2年裸根苗灌溉，但还有部分没有揭膜。现新育苗成活率在85%左右，而水无法到达的部分圃地，2年移栽裸根苗保存率只有20%～30%，而且长势不好（图F-16）。辰溪县苗圃因靠近水源，抽水灌溉，有喷灌系统，受高温干旱影响较轻，2年生轻基质苗平均苗高35 cm，平均地径3.4 mm。麻阳县拖冲镇柿子坪村苗圃规模为10亩左右，租用田地，管理较粗放，缺水灌溉有7～8 d时间，有10%～15%的苗木已经枯黄死亡。永顺县苗圃旁边水源较好，通过抽水可以及时灌溉，高温干旱对苗圃的影响相对较小。该苗圃的管理较规范，两年裸根苗长势很好（苗木平均高度55 cm，平均地径4.2 mm）（图F-17）。新育苗还未揭膜、苗圃草未除，成活率在85%左右。

(a)　　　　　　　　　　　　(b)

(c)　　　　　　　　　　　　(d)

图F-15 溆浦县观音阁镇浆池湾村苗圃

[（a）缺水3～4 d；（b）缺水5～7 d；（c）缺水8～9 d；（d）缺水10 d以上]

图 F-16　溆浦县严重缺水的圃地　　　　　图 F-17　永顺县水源充足的圃地

（2）对幼林的影响

对幼林的抽样分为新造林（2013 年栽种）、1 年造（2012 年栽种）、2 年造（2011 年栽种）、3 年造（2010 年栽种）、4 年造（2009 年栽种）。

①对新造林的影响。

从表 F-19 可以看出，辰溪板桥村新造林因抗旱及时、科学管抚技术到位，受灾程度最小，成活率在 95％以上。其余新造林基地因长时间缺水浇灌以及与其他高秆、藤蔓作物套种，受灾严重，损失率超过 60％（图 F-18）。

表 F-19　新造林受灾统计

地点	正常占比/％	轻度占比/％	中度占比/％	重度占比/％	死亡率/％	评定等级	造林面积/亩	备注
溆浦万木春	5.7	10.8	21.3	20.2	42.1	B	700	
辰溪板桥村（富民公司）	32.9	44.5	18.9	1.8	1.8	D	600	抗旱 5 次，盖 1 m² 鸡窝状薄膜
辰溪三甲塘村（金月公司）	3.4	10.1	19.3	15.1	52.1	B	300	套种西瓜，杂草多
麻阳拖冲镇柿子坪村	6.3	10.9	18.8	23.3	40.7	B	800	
常德鼎城区	4.6	7.9	13.8	13.3	60.4	A	900	

图 F-18　辰溪板桥村基地油茶（左）和常德鼎城区基地油茶（右）

②对 2012 年造林基地的影响。

1年造油茶林受灾情况稍好，其耐旱能力强于新造林，存活率为 50%~60%（图 F-19）。但因种植地区以紫色土或红壤土为主，土层较薄、保水性差，在持续高温干旱条件下，土壤干竭，叶片灼伤、脱水严重，损失率超过 30%（表 F-20）。

表 F-20　2012 年造林受灾统计

地点	正常占比/%	轻度占比/%	中度占比/%	重度占比/%	死亡率/%	评定等级	造林面积/亩	备注
溆浦观音阁镇浆池湾村	5.7	14.6	26.6	29.7	23.4	C	1000	紫色土，土层薄，保水性差，中途浇水一次
溆浦万木春	15.1	19.6	20.6	22.7	22.0	C	200	
辰溪马月坪村	17.4	19.6	15.2	17.4	30.4	C	100	含石砾多
麻阳谷达坡村	14.1	17.6	17.6	12.7	38.0	C	200	紫色土，套种种类多，靠里一排较外排好

图 F-19　溆浦浆池湾村（左）和辰溪马月坪村（右）

③对 2011 年造林基地的影响。

在无套种条件下，2年造油茶林耐旱能力明显强于新造林与1年造林，存活率基本在 80% 以上。例如麻阳拖冲镇柿子坪村种植基地，少数植株叶片灼伤或脱水，配合局部山地气候，高温干旱对油茶林影响不大（表 F-21）。同等条件下，无套种油茶林耐旱能力强于套种林（图 F-20）。

表 F-21　2011 年造林受灾统计

地点	正常占比/%	轻度占比/%	中度占比/%	重度占比/%	死亡率/%	评定等级	造林面积/亩	备注
辰溪小溪河村（1）	25.5	27.8	19.7	14.6	12.4	D	200	无套种
辰溪小溪河村（2）	3.8	11.5	7.7	42.3	34.6	C	10	套种花生
麻阳拖冲镇柿子坪村	77.8	17.8	2.2	1.1	1.1	D	500	有山地气候，中途有下过雨

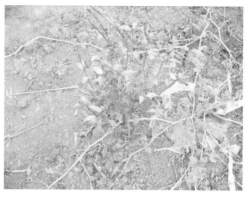

图 F-20　辰溪小溪河村无套种（左）和有套种（右）油茶林

④ 对 2009 年、2010 年造林基地的影响。

由表 F-22 可知，高温干旱条件下，损失最小的是 2009 年、2010 年造油茶林，其抗旱性最强，整体存活率超过 95%（图 F-21）。

整体来看，前期高温干旱形势对幼林影响最明显的是新造林，2012 年造林次之，2011 年造林略好于 2012 年造林，2009 年、2010 年造林影响最小，这与植株本身抗旱能力有关。同时，在同等缺水条件下，植株的长势也与地形地貌、下垫面土壤性质以及有无套种作物有关。

表 F-22　2009 年、2010 年造林受灾统计

地点	正常占比/%	轻度占比/%	中度占比/%	重度占比/%	死亡率/%	评定等级	造林面积/亩
溆浦万木春（2010 年造）	74.2	15.4	6.5	2.1	1.8	D	2000
麻阳拖冲镇柿子坪村（2009 年造）	78.7	10.7	8.4	1.3	0.9	D	600

图 F-21　溆浦万木春（左）和麻阳柿子坪村（右）油茶

（3）对老林的影响

对老林的抽样选取辰溪县板桥村的一个点，其属于自然林，造林年份在 20 世纪 60 年代。高温干旱对老油茶林的影响很小，主要表现在叶片、花蕾、果实。外围部分叶片有缺

水现象，表现出卷缩症状；部分花苞有被灼伤的现象，颜色变暗；少数果实向光面有部分
灼伤的伤斑（图F-22）。

图 F-22 辰溪老油茶林

F.4 缺水日数与受灾等级关联表

依据高温干旱条件及油茶苗木的受灾抽样调查，结合当地种植户提供的种植经验，给出
高温干旱条件下不同油茶苗木类型和栽植年限连续缺水日数受灾程度指标（见表F-23）。

表 F-23 不同油茶苗木类型栽植年限的连续缺水日数与受灾程度　　　　　单位：d

苗木类型	正常	轻度	中度	重度	死亡
苗圃	3～4		5～7	8～9	≥10
新幼林	5～6	7～9	10～12	13～15	>15
1、2年造幼林	5～10	11～15	16～20	21～25	>25
3、4年造幼林	10～15	>15～20	>20～30	>30～40	>40
老林	—	—	—	—	—

F.5 讨论与建议

（1）以上数据特别是气象临界指标的制定均基于一年的考察资料，需要进一步通过大
量的长时间序列资料进行修正和完善。

（2）从实地调研的结果看，油茶苗木的生长对高温干旱等极端天气十分敏感，特别是
苗圃、新幼林及2年内造林，在连续高温缺水条件下，油茶容易逐步出现缺水、脱水、叶
片枯黄、枯萎，甚至整株死亡的现象。如何有效加强种植基地的气象要素监测，趋利避
害，减少气象因素对油茶造成的损失，从而提高对油茶生产情况的科学管理水平是我们亟
待解决的问题。

（3）在全球变暖背景下，极端天气气候事件频发，且造成的影响越来越重。我省包括
油茶种植在内的农林产业同样面临着如何应对气候变化的问题。甚至同过去几十年的气候
环境相比，我省农林产业在未来需重新布局与战略调整。因而气象部门与农林部门达成合
作框架协议，实现信息共享，建立两者之间的连接机制，这是我们共同应对气候变化影响
的长期需要。